Home is where the heart is.

生活・讀書・新知 三联书店

Living Together

两个人住

一切从家徒四壁开始

修订版

欧阳应霁 著

图书在版编目（CIP）数据

两个人住：一切从家徒四壁开始／欧阳应霁著．—2 版（修订版）．—北京：
生活·读书·新知三联书店，2018.7
（Home 书系）
ISBN 978－7－108－06200－0

Ⅰ．①两…　Ⅱ．①欧…　Ⅲ．①住宅－室内装饰设计
Ⅳ．① TU241

中国版本图书馆 CIP 数据核字（2018）第 016926 号

责任编辑　郑　勇　胡群英　唐明星
装帧设计　欧阳应霁　康　健
责任校对　安进平
责任印制　宋　家
出版发行　**生活·讀書·新知** 三联书店
　　　　　（北京市东城区美术馆东街 22 号　100010）
网　　址　www.sdxjpc.com
图　　字　01-2018-3040
经　　销　新华书店
印　　刷　北京图文天地制版印刷有限公司
版　　次　2003 年 9 月北京第 1 版
　　　　　2018 年 7 月北京第 2 版
　　　　　2018 年 7 月北京第 11 次印刷
开　　本　720 毫米×1000 毫米　1/16　印张 18.25
字　　数　174 千字　图 581 幅
印　　数　52,001－61,000 册
定　　价　64.00 元
（印装查询：01064002715；邮购查询：01084010542）

他和她和他，从老远跑过来，笑着跟我腼腆地说：欧阳老师，我们是看你写的书长大的。

这究竟是怎么回事？一个不太愿意长大，也大概只能长大成这样的我，忽然落得个"儿孙满堂"的下场——年龄是个事实，我当然不介意，顺势做个鬼脸回应。

一不小心，跌跌撞撞走到现在，很少刻意回头看。人在行走，既不喜欢打着怀旧的旗号招摇，对恃老卖老的行为更是深感厌恶。世界这么大，未来未知这么多，人还是这么幼稚，有趣好玩多的是，急不可待向前看——

只不过，偶尔累了停停步，才惊觉当年的我胆大心细脸皮厚，意气风发，连续十年八载一口气把在各地奔走记录下来的种种日常生活实践内容，图文并茂地整理编排出版，有幸成为好些小朋友成长期间的参考读本，启发了大家一些想法，刺激影响了一些决定。

最没有资格也最怕成为导师的我，当年并没有计划和野心要完成些什么，只是凭着一种要把好东西跟好朋友分享的冲动——

先是青春浪游纪实《寻常放荡》，再来是现代家居生活实践笔记《两个人住》，记录华人家居空间设计创作和日常生活体验的《回家真好》和《梦·想家》，也有观察分析论述当代设计潮流的《设计私生活》和

《放大意大利》，及至入厨动手，在烹调过程中悟出生活味道的《半饱》《快煮慢食》《天真本色》，历时两年调研搜集家乡本地真味的《香港味道1》《香港味道2》，以及远近来回不同国家城市走访新朋旧友逛菜市、下厨房的《天生是饭人》……

一路走来，坏的瞬间忘掉，好的安然留下，生活中充满惊喜体验。或独自彳亍，或同行相伴，无所谓劳累，实在乐此不疲。

小朋友问，老师当年为什么会一路构思这一个又一个的生活写作（life style writing）出版项目？我怔住想了一下，其实，作为创作人，这不就是生活本身吗？

我相信旅行，同时恋家；我嘴馋贪食，同时紧张健康体态；我好高骛远，但也能草根接地气；我淡定温存，同时也狂躁暴烈——

跨过一道门，推开一扇窗，现实中的一件事连接起、引发出梦想中的一件事，点点连线成面——我们自认对生活有热爱有追求，对细节要通晓要讲究，一厢情愿地以为明天应该会更好的同时，终于发觉理想的明天不一定会来，所以大家都只好退一步活在当下，且匆匆忙忙喝一碗流行热卖的烫嘴的鸡汤，然后又发觉这真不是你我想要的那一杯茶——生活充满矛盾，现实不尽如人意，原来都得在把这当作一回事与不把这当作一回事的边沿上把持拿捏，或者放手。

小朋友再问，那究竟什么是生活写作？我想，这再说下去有点像职业辅导了。但说真的，在计较怎样写、写什么之前，倒真的要问一下自己，一直以来究竟有没有好好过生活？过的是理想的生活还是虚假的生活？

　　人生享乐，看来理所当然，但为了这享乐要付出的代价和责任，倒没有多少人乐意承担。贪新忘旧，勉强也能理解，但其实面前新的旧的加起来哪怕再乘以十，论质论量都很一般，更叫人难过的是原来处身之地的选择越来越单调贫乏。眼见处处闹哄，人人浮躁，事事投机，大环境如此不济，哪来交流冲击、兼收并蓄？何来可持续的创意育成？理想的生活原来也就是虚假的生活。

　　作为写作人，因为要与时并进，无论自称内容供应者也好，关键意见领袖（KOL）或者网红大 V 也好，因为种种众所周知的原因，在记录铺排写作编辑的过程中，描龙绘凤，加盐加醋，事实已经不是事实，骗了人已经可耻，骗了自己更加可悲。

　　所以思前想后，在并没有更好的应对方法之前，生活得继续——写作这回事，还是得先歇歇。

　　一别几年，其间主动换了一些创作表达呈现的形式和方法，目的是有朝一日可以再出发的话，能够有一些新的观点、角度和工作技巧。纪录片《原味》五辑，在任长箴老师的亲力策划和执导下，拍摄团队用视频记录了北京郊区好几种食材的原生态生长环境现状，在优酷土豆视频网站播放。《成都厨房》十段，与年轻摄制团队和音乐人合作，用放飞的调性和节奏写下我对成都和厨房的观感，在二〇一六年威尼斯建筑双年展现场首播。《年味有Fun》是一连十集于春节期间在腾讯视频播放的综艺真人秀，与演艺圈朋友回到各自家乡探亲，寻年味话家常。还有与唯品生活电商平台合作的《不时不食》节令食谱视频，短小精悍，每周两次播放。而音频节目《半饱真好》亦每周两回通过荔枝FM频道在电波中跟大家来往，仿佛是我当年大学毕业后进入广播电台长达十年工作生活的一次隔代延伸。

音频节目和视频纪录片以外，在北京星空间画廊设立"半饱厨房"，先后筹划"春分"煎饼馃子宴、"密林"私宴、"我混酱"周年宴，还有在南京四方美术馆开幕的"南京小吃宴"，银川当代美术馆的"蓝色西北宴"，北京长城脚下公社竹屋的"古今热·自然凉"小暑纳凉宴。

同时，我在香港PMQ元创方筹建营运有"味道图书馆"（Taste Library），把多年私藏的数千册饮食文化书刊向大众公开，结合专业厨房中各种饮食相关内容的集体交流分享活动，多年梦想终于实现。

几年来未敢怠惰，种种跨界实践尝试，于我来说其实都是写作的延伸，只希望为大家提供更多元更直接的饮食文化"阅读"体验。

如是边做边学，无论是跟创意园区、文化机构还是商业单位合作，都有对体验内容和创作形式的各种讨论、争辩、协调，比一己放肆的写作模式来得复杂，也更加踏实。

因此，也更能看清所谓"新媒体""自媒体"，得看你对本来就存在的内容有没有新的理解和演绎，有没有自主自在的观点与角度。所谓莫忘"初心"，也得看你本初是否天真，用的是什么心。至于都被大家说滥了的"匠心"和"匠人精神"，如果发觉自己根本就不是也不想做一个匠人，又或者这个社会根本就成就不了匠人匠心，那瞎谈什么精神？！尽眼望去，生活中太多假象，大家又喜好包装，到最后连自己需要什么不需要什么，喜欢什么不喜欢什么都不太清楚，这又该是谁的责任？！

跟合作多年的老东家三联书店的并不老的副总编谈起在这里从二○○三年开始陆续出版的一连十多本"Home"系列丛书，觉得是时候该做修订、再版发行了。

作为著作者，我很清楚地知道自己在此刻根本没可能写出当年的这好些文章，得直面自己一路以来的进退变化，但同时也对新旧读者会在此时如何看待这一系列作品颇感兴趣。在对"阅读"的形式和方法有更多层次的理解和演绎，对"写作"有更多的技术要求和发挥可能性的今天，"古老"的纸本形式出版物是否可以因为在不同场景中完成阅读，而带来新的感官体验？这个体验又是否可以进一步成为更丰富多元的创作本身？这是既是作者又是读者的我的一个天大的好奇。

作为天生射手，自知这辈子根本没有真正可以停下来的一天。我将带着好奇再出发，怀抱悲观的积极上路——重新启动的"写作"计划应该不再是一种个人思路纠缠和自我感觉满足，现实的不堪刺激起奋然格斗的心力，拳来脚往其实是真正的交流沟通。

应霁
二〇一八年四月

我们决定在一起，两个人住。

开始，由一个"空"字。

空，一个字本身就是一件事，然后衍生成词。空间、空气、空旷、空白、空闲、空虚、空洞、空谈、空想……由正到负，可以触摸和不能触摸之间，我和她都被这个字、这些词深深吸引。

然后敲定成交，面前面积七十九平方米建筑是我们第一个共同拥有的地方。上一任业主搬走的时候还算收拾打扫得干净，家具电器好坏一件不留，搬不走的是地板和墙壁上经年的痕迹。我们跟经纪人借了钥匙，找一个下午在空荡荡的室内坐了两小时。未来的日子该怎样开始？大家都在想。

再坐下去就会爱上这个空无一物的格局了，我说。其实这有何不可，她回答。外头风大雨大，一万几千种便宜的贵重的可供选购，五颜六色人有我有，为什么我要装一道雕花玻璃百福屏风做玄关呢？为什么我要沉重云石面钢脚饭桌呢？还有路易十四（？）的织锦面沙发配套、范思哲黑金垫褥，以及组合柜上上下下的巴黎铁塔模型、西安民间童玩、苏格兰的纯羊毛绵羊玩偶……其实都不需要呢，尤其那些挂设计之名取巧的，不要再上当了，她说。就趁换房这个机会，实行减法吧。

加减乘除，种种运算到现在，原来减法最实用，我们拿出白纸一张，认真地写下搬迁前后的指定动作：

※ 将储存的上千本杂志一一解体，三思再三思，只留下最有参考价值的部分，以便存档。

※ 将已看未看又不会再看的书本一一送人 / 忍痛卖掉。

※ 认真筛选所谓纪念品 / 礼物，只留下至爱。

※ 问心，只留下最常穿最舒服的衣服，其余一一送人 / 送予慈善机构。

※ 不为新居预先添家电、家具，避免忙乱出错，说不定没有也能安然活下去。

轻装过渡，越少负担灵活性越大，我在房子里来回踱步，又建议了一些装修的原则和实行方案：

※ 尝试把可以打掉的墙都打掉，求一个完全开放的空间（既然是自住，哪管得了三五年后是否可以卖个好价钱，说不定会碰上同好呢）。

※ 墙壁一律刷上白色。

※ 木地板一律用深棕色。

※ 统一和简化材料的运用，如果选用木材，就尽量都是木制的地板、柜身、窗台、家具……地方小，不要做物料陈列室。

※ 储物间隔是室内最重要的"装备"，把一众可以收藏的都巧妙地藏起来，不要露面。

※　尝试用便宜的材料，例如夹板，去做桌面、书柜、
　　间隔……穷就是穷，不要遮掩。

　　如果有时间，她说，的确应该自己动手呢。那恐
怕要多等三五七年才可以搬进来了，我取笑她说。家
徒四壁，了无牵挂，享受真金白银宝贵空间之外，可
以随时起革命，我们都暗暗兴奋，未来日子将会新鲜
刺激。

目录

Contents

Emilio Conti

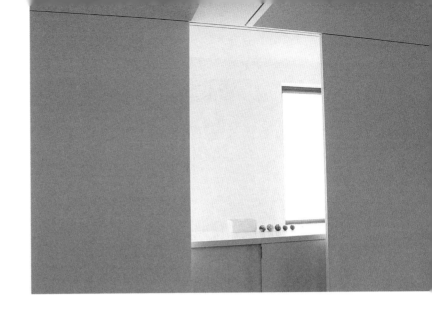

和风吹

在清贫中找到富裕

她总觉得我的耳朵最近有点问题。

她在厨房的这一头洗碗，水声哗啦中张开嗓门跟坐在餐桌前的我说话。她说一句，我回应一声"什么？"。

然后两人坐在沙发中，她喃喃细语，我心不在焉，又问——"什么？"。

再下去，你我的言语往返就成了大师与弟子间的禅语了，她诉苦说。

当然事出有因；大家都在说外头如何低迷，她却见平日望而却步的高档衣物首饰杯盘碗碟都以极低价折售，自是心里七上八落蠢蠢欲动，早晚不断向我汇报行情——我只得回应——"什么？"。

可得格外留神，往往就在这些时候胡乱买了一堆本来并不需要的东西！我终于严肃认真地跟她说。可是那两个日本的茶碗，还有那个茶壶，还有——她继续在引诱——

实在心动，其实我也来回往返好几趟，总是忍不住把那两个看似平平无奇，甚至有点笨拙粗糙的茶碗捧着端详：一个是暗暗的姜黄色，一个是豆青褐色，碗边和碗座都分别有意无意地髹上了不同的釉，说不出是朱墨、酱茶还是枯竹的颜色，拎在手里沉

沉的有一种重量，仿佛把茶碗携回家中，就一并把拙朴、素净、空灵等既抽象又实在的感觉都带回去了。这，也许就是茶碗自身缓缓释放的禅意吧。

这个茶碗其实不应该减价呢，我困惑迟疑地说，市场价格本身也只不过是一场心理赌博游戏。她却若有所悟：尤其在颓败萧条的日子，就更凸显平日大家竞逐的身份地位、品位格调其实是怎么一回虚幻的事，当货币可以无止调贬，这些身边器物的真正价值可还会有一个位置？逆境求存，向来被富裕宠坏了的一众还可不可以粗衣麻布、清茶淡饭，还可不可以从零从灵开始？

我想起那本一再翻读的日本作家中野孝次著的《清贫思想》，当中列举日本历代文人僧侣的极端清贫的生活，"简约朴实，却又广阔无边"，一言一行，大自在，任自然，在涉世与超越之间把物质生活的要求降至最基本，却由此找到精神生活的空间，叫后来者一再思索人生在世，需要什么，不需要什么。——她又记起那年跟我同游京都，几经预约终能参观到的桂离宫。内中三幢书院型的相连建筑，是智仁亲王的理想化的个人世界。与庸俗炫耀的幕府将军彩绘浮雕宫室大相径庭，桂离宫构造朴质无华，屋顶以香柏木搭建，梁柱却以木材原色自然外露，室内室外空间、隔间畅通，四时景色融合流动，以物质的清贫显示心灵的富裕。还有路过山崎，参观茶道宗师千利休的草庵茶室——待庵。那所以香柏木为建材的简朴小屋，外形刻意扭曲不对称，土墙粗糙，横梁不加修饰，仅及人腰高的出入口使来者都得弯腰进入以示对主人和茶人的尊敬，探头内望可以想象当年的温暖和亲密，在这个超越时空的小世界里天南地北品茶之余，赏玩珍藏，研究书道花道，实在也是一种独特的美学生活经验。

和风吹，这边厢可以吹风的是禅宗是和歌是俳句是清水烧是京料理，那边厢吹的可以是《悠长假期》《恋爱世纪》《沙滩小子》《美味关系》——和纸糊的门和窗一拉开，生活总得有生活的清寂平淡和热闹混乱，共存共荣。和风不应是表面的一些装饰姿态，层层掀剖，细水长流的是一种灵性生活味道，一组平实和谐的颜色，一个提供无尽想象的活动空间。

启示录

清贫不是一般的贫穷，而是由自己思想与意志积极创出之简单朴实的生活形态。
　　　　　　　　——中野孝次《清贫思想》

快乐的是　珍奇书籍　向人展示时
快乐的是　妻子和睦　并肩就食时
快乐的是　偶尔烹鱼　诸儿大快朵颐时
快乐的是　漫然披卷　偶见类己之人时
　　　　　　　　——橘曙览《独乐吟》

人间文化财安藤忠雄

学生时代跟着大伙第一次到京都，美其名曰学术交流，实际是游山玩水。我在鸭川河道旁的一座两层高水泥混凝土房子上下走来走去，都是一间一间小店铺，时装餐饮玩具杂物都有，却都引不起兴味，反而是房子本身干净利落，水泥墙不加修饰，建筑围板拆去后故意留下一个一个小洞，已经很好看，而且室内室外似乎未分，光暗就看天，还有水声水影……许多年后我才知道，那幢房子是安藤忠雄的作品。

Hiroshi Umeda

大师在前，身世却是平凡不过；没有受过正统建筑教育，完全自学出身，从传统的那一头他接过来的是对每一种塑材物料的敬重，对简约对和谐对自然的透彻悟解，对人文生活的热情关注，所以他经手的每一个案子，都从一而终贯彻他的信念：不多不少，不造作也不沉闷，生活的戏剧在水声乃至光影明暗中自然出演，是住家，是卖场，是教室，是教堂，都有那一种注册了的独特建筑语言和视觉风格，很禅，很日本，很安藤忠雄。

她在杂志里看到安藤忠雄在大阪湾淡路岛上建好的水之寺，圆形荷花池上有一窄窄楼梯通往池底——也就是崇拜处所在。不论你同意与否，生活本就是一种仪式，有人紧张兮兮手忙脚乱，有人气定神闲岿然不动。让我们开小差，她对我说，随心所欲，边走边看。

开门一件事

自出自入自在艺术

我突然发觉，原来自己是这么在意门面功夫。

有天在住家的楼下碰到相熟的邮差，邮差叔叔若有所得地从他的百宝袋里赶忙掏出两封挂号信，慢着慢着，刚巧你回来，先签了名，在这里——其实恕我多言，一直想跟你说，你家的大门很特别、很厉害！

哪里，哪里，我一边说一边不好意思地笑了。其实这个"夸奖"，先后有搬运工友、清洁阿婶、管理员、房地产经纪，当然还有多年老友同事以及父母弟妹亲临

Ruben Ojeda

"视察"，未进屋站在门外，也不禁点头称是。这就是你，父亲有一回拍拍我的肩膊说。

其实，我究竟做了什么？我谦虚却又自满地把功劳归于她以及装修师傅。在我们坐下来商讨整个房子的设计的时候，在敲定了坚持用白跟深棕两种素净稳重颜色和决定大量用柚木纹样的同时，也决定了把原来刷上淡黄手扫漆的大门彻底移走，换上完全没有坑纹边线的柚木大门，跟室内一同用深棕色。最重要的是把原来的标准七厘米多宽的门框，加宽到大约二十厘米，当然也是一色柚木——也因为对这个社区的治安有信心，铁闸在

我们的字典里是不存在的，只是努力地走遍大小供应商，从成百上千套门锁手柄里千辛万苦找到一款合适的，修长简单，亚银色，天衣无缝。

我们没有养狗，却知道门口又高、狗又大原来还是会有震撼力。很多人尝试实践自家设计理念，在家里面的家具陈设中拼命下功夫，偏就忘了守住第一关的大门口，以致室外和室内互不协调，简直性格分裂两回事——无论你用的是木是钢还是玻璃，大门的颜色和质料选择也就是整个室内格局气氛感觉的预告和提示，大门一开，便是正场。

长久以来，门不只是建筑硬件，根本就是人类文化历史里的一个显明象征，家国大门是开是闭，跟封锁、开放、沟通、交流、融合等概念紧紧扣住。门也当然是身份地位，是否门当户对仍然是肥皂连续剧的恒常主题。对我来说，门和窗和帘以至墙，是几位一体的，当中有说不清的千丝万缕关系——也因此我在室内也把这几项硬件的传统限制和概念打破，由于都是开放式的设计，全屋几乎只有大门是传统中理解的"门"，厨房、浴室、睡房都没有门，代之而起的是可以拉荡的"墙"。室内的另一头靠窗贴墙的书柜衣柜，顶天立地，用的门也就

是墙，浴室里的衣柜门一开，也成了间隔浴室内外空间保持隐私的门。睡房跟工作室当中有一道可以拉荡的磨砂玻璃门墙，在床上躺下来望开去，早晚光影移动折射，简直就是窗。

巧妙细心地处理门，开门也就是一件落落大方、简单得体的事，我们对博大精深的中国文化传统其实所知有限，对《说文解字》的文字源流有些时候的确百思不得其解：把"心"放在"门"里，怎可能是一个"闷"字？

启示录

门后面永远有未知的新发现——
　　　　　　——金姆·乔森·格洛斯

没有结束，没有开始，只有生活永无止境的激情。
　　　　　　　　　　——费里尼

过其门而不入
敲敲高古轩画廊的门

走马看的不是花，我们最喜欢看的是门。

北京紫禁城，大大小小城门一道又一道，推门内进是千百年来家国民族的生死荣辱，即使城门紧闭，走上前摸摸门钉也叫人感叹。帕索里尼《一千零一夜》以及《马太福音》电影中的泥石堆砌的古城，身临其境你会诚心赞赏阿拉伯雕刻木匠的巧夺天工，伊斯兰教义纹样都刻在城门上，出入平安日夜不忘。还有曼哈顿第五大道上洛克菲勒中心众多作口，

黑漆大门上装饰艺术风格（Art Deco）金线浮雕流畅亮丽，走进接待大堂，古老升降机的金属大门也是极尽浮华，理查德·格鲁克曼（Richard Gluckman）跳进去升到不知哪一层走出来，二十世纪三四十年代经典电影中的办公室玻璃大门雕花刻字……

很多时候其实没时间没机会走进室内去看个究竟，只有站在外头敲敲门的缘分。——经过也是缘分，她跟自己说。有回经过纽约的一个私人画廊高古轩画廊（Gagosian Gallery），站在马路对面就已经被那一列玻璃与钢的隔间结构给慑住，并不刻意夸张，却是绝佳简约榜样。她跑过去一心想进门看看，可是小小告示说展览布置中，后天请赶早——后天的事后天做，今天经过，已经很好。

一窗一世界

Window 2000

　　请给我留一个靠窗口的座位，我对那位倦容满面依然抖擞精神的地勤服务员说。工作工作工作，各在其位，各尽其责，我终于可以放假，我不好意思，其实早已从心里笑出来。

　　坚持要一个窗口位，虽然早知道要站起来舒展、要上厕所都不是那么方便——而且经济舱座位的窗口，往外看其实看到的五分之三的画面都是银光闪亮的机翼，但我还是对那五分之二有冀盼。往西飞，沉浮云海，浩瀚沙漠，崇山峻岭，千年积雪，然后是一只手掌就能横越的英法海峡，想象海床下还有间或堵塞的欧洲之星（Eurostar），然后是一大堆红砖绿树，不，乌乌黑黑的只有公路上晕黄的雾灯，到伦敦往往在清晨五时五十五分。往东飞，绿的海，蓝的海，更蓝的海，然后睡着了，醒来往下看，落日余晖，一片金色的海。——有窗，有风景，而且风景每时每刻在变，顾不了小小的一圈超级玻璃／塑料（？）外是零下五六十摄氏度的奇寒。身处几万英尺高空，眼底的风光看得尽吗？我常常问自己。

　　一心一意远走他方，越发自觉自家窗口的狭小。号称奇迹都市，拥有的却原来只是几千万扇不怎样推得开的窗——漫天灰尘热气，大家为了保留一方室内净土，就决

定把窗从此关掉，锁死一片风景。更甚的还挂了重重的帘涂上厚厚的漆，眼不见为干净。关窗心态与经济起飞与金融危机看来可以写一叠论文洋洋几十万言，又难怪小小视窗软件叫 Window，挑起大家潜藏心底的内疚、自责、渴望、想象。

还记得某年夏天从这里到那里，去探访一位在纽约念书的旧同学。一番折腾，连人带行李给"弃置"在下东城某个街角，举目四望，尽是十九世纪铁铸架构房子，曾经是仓库是厂房，如今都成了边缘艺术家、创作人、穷学生，又或者隐姓埋名非富则贵一族的大本营工作室。忽然听得清脆一声口哨，同学瘦小的个子倚着窗在某楼房第三层向我招手。窗？那道三四人高的可真的是窗？是门也好，是墙也可，反正不同的比例就是不同的世界，连角色身份也都通通改换。还记得我在同学家里那道窗前拍了很多很多的照片；当然也花了很多时间研究这道大窗该怎样开怎样关，也惊叹原来十九世纪已经有这样厉害的玻璃制造技术。我更因此知道我不想死，因为要死（至少重伤）原来只需跨出一步，想起来在自家小屋，要从窗口跃出去寻死，是会被卡住的。

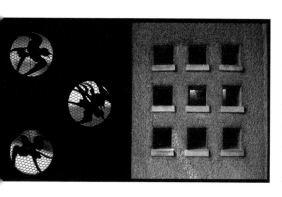

窗外窗内，其实也顾不了谁在看风景，谁在风景里被谁看，反正我知道，一有窗就有景。也因如此，我倒认认真真地看起窗来：那些久经风吹雨打不晓得在哪时哪刻会退役的木头窗框；那些受到侵蚀漆皮剥落后变形异化却又勉强涂上新漆的铁窗框；那

些不知是无性格还是有性格的忽然冒起的铝窗框；然后有玻璃幕墙或金或银或铜颜色，原来就是窗；教堂的斑驳彩色玻璃框着天上人间地狱的善恶美丑；巴黎阿拉伯文化中心的机械感光金属窗如镜头快门开合，四时感受冷暖光暗；还有苏州园林三停五步或圆或方或扇形或叶状窗框，都有野心有企图改变一众的观点角度、远近距离。回到家，其实我们可以要求一列怎样的窗？我们可以争取什么公式以外的改变？应该怎样监管处理材料、选择工程进度？原来开窗关窗都是学问。

虽说眼睛是灵魂之窗，我们相视而笑，细想起来，透过瞳孔视网膜虹膜看得到灵魂，其实很恐怖！

看海的日子

有幸生长在海岛一角，推窗可以看海。

我从来觉得自己幸运，从小到大，左搬右迁无数次，无论是十来平方米小房间的小窗，还是上百平方米大空间的落地窗，从窗口望出去总看得到海。——最神奇的是有一回，闹市当中层层叠叠新旧建筑中，偏偏有一间隙露出那么小小一点海港景貌，那浮动的小风景连着天，在窗的右上方，真的叫我感激得无话可说。

我怎样也忘不了好久好久以前的某个假日午后，我"被迫"在家里承担"厌恶性"工作——用鲜绿磁漆把漆皮早已剥落如饼干屑的铁窗框翻来覆去重新上漆，而整个本来沉闷的下午结果并不难过，因为一不小心给我目睹停泊在港口一角的"伊丽莎白皇后"号（？）从冒烟起火到灌救到倾侧到沉没的整个过程，足本原汁原味，见证历史原来也就是这么一回事。

大好晴空下闪亮的海，狂风暴雨下愤怒的海，半夜爬起来，港九新界残余灯火连绵在我们离岛的家的窗外浮起，有如海市蜃楼。恋恋还是这个有海的地方——有窗，有海，原来已经满意。

我有我间隔

家居空间重建游戏

我其实不是一个容易动怒的人，可是——

在这个乱七八糟的城市里生活了这么多年，我告诉自己，其实也应练就百毒不侵百忍成金的好武功，否则多活一天也是件苦差。可是每次去串门、家访、探朋友，无论走进的是四五十平方米的小房子或者是一二百平方米的大地方，总会越看越生气。为什么好好几十平方米甚至上百平方米，室内的原有间隔都是恐怖得惊人，先不说建筑面积和实用面积两者之间的差误，那些以采光为名义的三尖八角钻石形结构，以及六七十平方米有三房二卫浴的超小间分隔，走进每个房间都局促压抑，难以得到舒展。还有千回百折的窄长走廊，以及推开窗几乎与邻居一起吃饭、一起看电视甚至上厕所的景观；更不要提那些"附送"的金碧辉煌的厨房卫浴装修，或者细部如门柄、门锁、窗花、地脚线，都总叫人有动怒的理由。——为什么这些弄建筑的搞设计的都不设身处地为居住者的日常生活好好地想一下？为什么都一窝蜂地去制造一个夸张而又虚弱的豪宅氛围？为什么明知故犯地"附送"那些很有可能被撤换的硬件，浪费资源，又或者强行为居住者设定了所谓家居风格？为什么不人性一点、开放一点就交给居住者一个干净利落的空间，好发挥想象，方便自家设计？

Souto de Moura

　　其实都有答案，她说，都心知肚明——对地产发展商来说，"利"字当头，自有利己的一套经营计算方法，加上重重叠叠的官僚架构，即使有较合理的建筑设计意念，也在上下拉锯中被消磨殆尽，不成气候。而楼房地产炒卖歪风炽烈，买家往往不是用家，房产只是货，并不是家更不是居，管它什么间隔什么设计细节，买买卖卖当中就把居住单位中应有的人性元素给折磨掉了。我一边摇头一边想，楼价比天高，侥幸上了车已经弹药殆尽，大多数人只得被迫接受并不如意的空间，也惯性搬出忙的借口（其实也就是懒），拉扯胡混，住下去也就随便算了，并未察觉其实稍动脑筋可以住得更好。

　　就让我们来玩一个认真的空间游戏，我跟她说。虽然不是建筑师不是设计师，总试过砌积木玩拼图吧。面对这个室内空间，首先当然要问自己的基本需要：一人住？二人世界？还有长辈？准备有小孩？单身自然易办事，但一家人就更讲沟通了解——只要有共识争取的是一个开阔的舒畅的空间，就义无反顾地把那些可以拆掉的墙壁都推倒，先行减法，重新间隔规划。不要怕麻烦也不要怕昂贵（实在也并不如想象中昂贵），总比日后诸多限制百般不便好。拿着小小平面图影印本，把原来的间隔都涂走后，你会对这个空间有一个新的看法。单身的固然应该保留全部开放空间，两人生活也不必急着搬出要有隐私做借口各据山头，一家几口也就好好计划争取公用空间——着手再考虑间隔的时候可把门、墙、屏风等概念一并构想，可以折叠或者拉荡的门往往就是最有功能的屏风和墙，而且更可选择透光（玻璃）、半透光（磨砂玻璃／布帘）以及不透光（木材、塑料以至金属）。这道门也可以结合原有的墙壁构建出大小尺寸不同的储物柜、衣帽间，甚至厨房、卫浴室也可以考虑用这个随时开放的形式。而为了配合这些间或现身间或隐形的结构，不妨多考虑选择可以方便随意移动的附上轮子的家具，叫室内的空间运用、器物组合更灵活更有趣。

想不到你我都是特工，她对我说，为了起居生活称心肆意，我们都得动脑筋为自家制造种种机关。请放心，我一边推门一边笑着说，门背后没有电子保险柜，即使有，里头也没有你日思夜想的连城巨钻。

启示录

住屋是居住的机器。
——勒·柯布西耶

空间、光线和秩序，对人来说就如需要的面包和睡眠。
——勒·柯布西耶

一个日本人可以在小小空间里度其一生。
——安藤忠雄

实验示范单位

安得广厦千万间，她在问，究竟什么时候才会有一间半间叫人真正开颜？

翻翻杂志看看书，争取机会到外面走走，心头痒痒又爱又恨。记得那年到日本探朋友，一时兴起跟日本友人去看家居示范单位。一看不得了，福冈市香椎地区的一个名为Nexus的地产发展计划，邀请了六名国际级建筑设计师参与其事、各展所长，结合当地环境地理与文化生活，设计出一系列有独立平房有低层数建筑也有高厦独立单位的民用家居，以合理价格推出市场，自是反应热烈、四方瞩目。

叫我们印象最深刻的，是走进美国建筑师斯蒂文·霍尔（Steven Holl）设计的低层小单位里。吸收了日式住房的多功能精髓，斯蒂文·霍尔用的是铰链空间（hinged space）的概念，装上铰链的活动自如的门，时而为墙时而为屏风，在不同的单位中发挥不同功能：一是日夜的起居室／睡房组合，自由延伸；二是随时增加／减少的房间，以便长者／小孩的迁出搬进；三是随四季日照风向和气温变化，可以自行转移间隔以紧扣自然。——一切都不是纸上空谈，完全都是有感情、有人性的实在空间，也因为设计的周详细密，几幢房子二十八个单位间间不同，绝非冰冷干涸的玻璃的钢筋水泥……

人家行的，我们行不行？她再问。

Steven Holl

移家移室

家居互动游戏

请先不要嘲笑我，我实在有过这样的糊涂经验——

实在很晚了，一天的辛劳叫我在回家的公车上已经半醒半睡，车到站急急背着背包下车，前面的那位邻居按完密码还为我把大厦门拉开扶了好一阵，谢谢都来不及说，大家就走进电梯分别按自己的层数。一走进我住的十五楼，咦，为什么大门换了颜色？糟糕！糊涂之间原来走进了邻座——也难怪，一列排开五座楼的临街门口，都是千篇一律的装潢设计，心神恍惚摸错门回错家，幸好进不了大门上不了床。

这一回该轮到她，按了街门密码上了电梯扭动家门的锁，推门内进——咦，家里的布局为什么跟今早去上班的时候简直两个样？

这天是我休假的日子，既然不打算外出就在家里玩游戏。我怕闷，所以常常把家里的家具组合东搬西移。还好的是家里奉行开放式的设计原则，所以视觉的空间看来还算宽广，桌椅搬来搬去倒也方便，不同的方位组合变化出不同的活动空间，新鲜好玩。

动是人的天性，完全的平静则是死亡……喃喃念着前人经典金句，当然我希望她会跟我一起玩这个游戏——其实我也早有

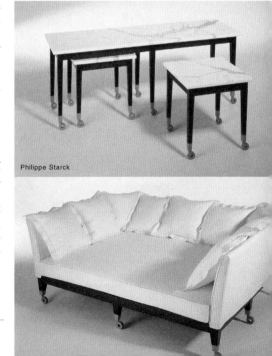

Philippe Starck

Ross Lovegrove P. Lissoni

预谋，在入伙之前选择家具的时候，也专挑有轮子的硬件。看来有心参与这个互动游戏的朋友也不少，走一遍大小家具店，你可以找到有轮子的单椅、沙发、茶几、大小桌子以及有轮子的储物架、书柜衣橱，甚至有轮子的床——有轮子的家具已经不只在公共场所室内环境里才出现，从前只在办公室、工厂、食堂厨房和医院里出现的功能性的活动家具，已经登堂入室，进驻家居。笨重的轮脚也进化成轻巧的配件，日新月异的塑料轮胎既能承受更大的重压，也不会过分损坏经常受到摩擦的地板和地毯。

既要能动，家具本身的物料也得轻巧，塑料和薄木夹板就自然得宠，铝合金也当道。设计潮流的兴衰，某类物料被广泛应用，实在也跟社会大众对家的结构概念的转变有关——从重到轻，从不动到能动，家，不再是一个静止的安定的不变的单位，组成一个家的人数普遍比从前减少，独居的或者两口之家越见普遍，家里的活动就更见活跃：进进出出，离家旅游出差的机会越见频繁，也因此把外面大世界的更多生活经验和习惯都带回家中，丰富了家的内容。即使留在家里，通过种种资讯网络，瞬间也就离家十万八千里，与各家各派支流联络，键盘上指尖一触，敲门探头内望，浏览千家万户的主页（Homepage）的室内风光。家不成家了，我笑着对她说，也许在不久的将来，所谓家是轻巧得可以带

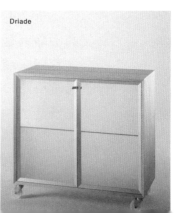

Driade

在身边到处走动的一部手提通信
资料处理器，一切工作娱乐人物
关系都围绕这个小小硬件，人作
为一个最基本的单位，中外古今
来回走动……对于这种四海为家
的状态，我还是很憧憬的，她也
因此很明白为什么这个男人一天
到晚都在盘算怎样把家里的可以
活动的家具都活起来动起来，我
是在做热身准备，预先流流汗。

轮的传人安东尼奥·奇特里奥

　　认识一个人，认识他的名字，认识他的轮子。

　　其实还是由轮子开始。我坐在空荡荡的房子里，觉得需要一
件可以活动的、介乎桌子与茶几的物体，来回于厨房地带与起居空
间当中，可以是传送饭菜饮食的餐车，可以是餐桌旁放置碗碟的侧
几，又或者可以临时征召留在沙发旁边，放花放灯放水果。坐言起
行，我们跑出去逛了一圈果然找到心头好——耐热塑料做的面板作
为桌面，几种不同结构的桌面可折叠可横放，支架是镀铬合金，加
上铝金属轮子，桌面的尺寸和支架的高度刚好，更有黑、海蓝、芥
黄、暗绿、枣红几个颜色，都很实在。

Kartell

　　而且每辆点心车（我这样跟它们打招呼）都有自己的名字——
利奥波德（Leopoldo）、巴蒂斯塔（Battista）、加斯顿（Gastone）、
菲利波（Filippo），一家四口，都来自意大利。她当然不厌其烦地向
店员查探它们的生父，原来是来自米兰的建筑设计师安东尼奥·奇
特里奥（Antonio Citterio）。

　　奇特里奥实在来头不小，我们在设计杂志上也读过他的专访，
事业如日方中，Esprit 的店堂是他的设计，好几家意大利显赫家具
大厂诸如 Flexform、B&B Italia 和 Kartell 都以他为旗手，重型组
合到轻巧小品他都有兴趣一试身手，而且在适当机会都会用上轮
子——是因为这批点心车是他的成名作吧，所以回顾前瞻，始终念
念不忘。我们庆幸认识这样一个有心有轮之人，以后上路，好方便。

桌桌有余　方圆数米的抉择

桌面一片凌乱。

有袖珍版精装世界地图集，有金宝杂菜汤一罐，有上回缅甸旅行买回来的檀木行僧和切割得干净无雕饰花纹的通心圆木筒两个，照例有一大堆信纸稿纸、名片明信片、铅笔以及刨，超级燃脂丸一瓶（已过期），再远一点有电脑，有打印机，有布制蝙蝠侠，有电话连图文传真机——圆珠笔久久找不到，手机要响才出现……

这是我的桌面，也是我的世界。请你，求你，拜托你，让我帮你把桌面收拾好，每天她不厌其烦跟我说几遍。可千万别动，我却一味坚持，我的桌面自有一个生态系统，环环紧扣，外人无法插手处理，请尊重我这块最后的领土。

桌面也是争执处、是非地。电视直播某某高峰会议，长到天边的会议桌左右阵营各据一方，当然她会留意他们会议桌上文件以外的茶点糕饼款式，我却注意到有好几回因为桌面太宽，双方达成什么协议之后企图伸手相握都有点困难和勉强。当然还有大椭圆圆桌会议，"桌"的中间空空的，容得下篮球场。

Marco de Valdivia

Alex Goacher

Sottsass Associati

桌面也真的是领土属地，小时候上课跟同桌的同学亦敌亦友，戒严时候用直尺画得一清二楚，楚河汉界不得互越雷池半步，当然解禁的日子却与老友鬼鬼共用抽屉。还有运动室的乒乓球桌，千方百计下课小息时争先恐后去占场，有回 A 班占了桌的右边，B 班占了桌的左边，各据半桌又不想跟对方打比赛，结果都打不成乒乓。那时年纪少，不明白什么叫有来有往。

有回母校开放日，我带着她回到曾经熟悉的校园，兴奋之余感觉怪怪的，因为顿觉走廊太窄、楼梯太矮、教室桌椅太袖珍。这么多年过去，小学部的某些桌椅还都在，我见猎心喜，怂恿老技工合谋非法勾当，我实在希望拥有一两套这些课室老桌椅！！幸运的还可以找到当年亲手刻画涂鸦的情诗和脏话，桌面竟然也是私家单行历程。

那回搬家，我们故意腾空一个大范围，准备迎接一张一直盼望的桌。事缘有年我们从伦敦趁周末溜过海到了布鲁塞尔，星期日早上起来到处找吃的，乱打乱撞闯进一间面包店。这是幢旧旧的木头房子，前门整片玻璃落地引进一室阳光，店堂的中间横直只放一张重量级大木桌，桌面恐怕至少有五米乘四米吧。顾客就团团围坐，你吃你的月牙包，我看我的报纸，再来一杯牛奶咖啡……我们一边羡慕人家可以就此开一家简单温暖的面包店，也实在深爱那张有斑驳历史的大木桌。如果把它运回家，她跟我说，请连面包屑也一并送过来。

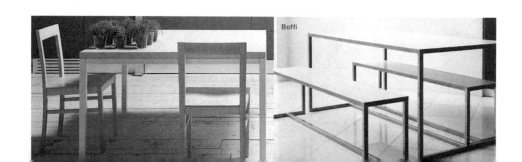

旧木桌难寻，我们就决定跟师傅商量自行设计自己的心头好，最后定案简单得很，设计就像一张长方纸卡，把左右两边曲折起来成桌脚，夹板为实，外铺柚木皮，八英尺乘六英尺的桌面连两张同样概念的长木凳，刚好面对面坐六个人。完工后效果异常好，她骄傲地跟大家说要去申请专利发行港九新界。

Pallucco Italia

自家监制丰俭由人，我们的版本铺了木皮、染了深棕色、上了亚油，略略高贵。但到朋友家串门也发现不少不做修饰的原色夹板大木桌，格外有粗糙的美。如果不知怎的郊野公园大拍卖，我倒有兴趣买几张日晒雨淋更觉（烧烤）味道的野餐桌。

桌面依然混乱，她再不打算救我，我也不打算自救，然后伸手按钮，"当"的一声，电脑里又出现了天大地大的另一张桌面——

启示录

花了好一笔钱去买了一张身经百战的旧桌子，我的丈夫突然问我："你是否要把它上上漆？"我失望地回答他："你根本不明个中道理。"

——坎迪斯·伯根

一旦你驱除掉一些你认为必要的东西，你便明了没有其他某些东西也照样活得下去，然后便可以去掉更多的东西。

——伊塔洛·卡尔维诺
《如果在冬夜，一个旅人》

她的 Table Blanche

在看到她的白帆布桌子之前，她穿过她设计的一袭裙子。

她是安·迪穆拉米斯特（Ann Demeulemeester），来自比利时的时装设计师，如果你爱用"前卫"爱用"解构"等名词术语给人贴标签，安的身上是贴满一堆这样的小标签的。那条裙子很长，而且衣袖跟半腰处都像拦腰给剪掉又再勉强重新接上，很有手术错误劫后重生的味道，她很喜欢。

然后一天我跟她说安要出产自己的桌子了。她倒一点不惊奇，好玩的人本就应该做好玩的事。这个回合是比利时家具厂商 Bulo 邀约安设计大、中、小三张桌子，安就顺手拈来把她跟丈夫为自家在安特卫普近郊买的二十六年勒·柯布西耶老宅设计的家用桌子拿来交功课。桌子本身稳实无奇，木头桌面，四或六双木头脚，只是桌面铺上紧钉了一层白油画帆布。安常

常在上面涂涂画画，又或者泼泻咖啡拿起海绵洗擦洗擦，如果太脏了就索性拿起油帚往上面涂白漆，油漆干了又是新桌子一张。DIY 永远进行式，这是安和她的 Table Blanche 给我们的家居启示。

Ann Demeulemeester

Edra

软硬兼施

沙发的甜美堕落

凌晨三点半，战情惨烈，一群男人在千里外太阳下施展浑身解数追逐那么一个球——全球几亿人都同时眼瞪着或大或小的荧光屏，也都同时半躺半卧在自家的或软或硬的沙发里——我们当然也不例外，难得有机会跟几亿人这么亲近。

下午三点半，午饭时候匆匆解决的两包即食面早已消失于无形，我打开冰柜煞费思量，面前只有面包、牛奶、鸡蛋、香蕉、花生酱，只好把早餐再重复一次。——三点四十五分，早餐在肚里开始发作，经由秘密管道爬上后脑，一千一万个诱惑和召唤，面前白纸黑字的计划文案焦点尽失，最终东倒西歪，双脚不由自主拖着准备犯罪的身体往沙发方向移去——迟来的午睡依旧甜美。我当然知道在家千日好，在家里工作也更好，因为可以随时小睡随便犯罪，管它醒来已是近黄昏。

也难怪大家都这么重视这么一件叫沙发的家具，在外头奔波劳累回到家二话不说整个人就倒进沙发——沙发也就是家的第一象征，比床更厉害。至于沙发与电视与零食的关系，沙发与床与接着发生的前戏后事的关系，沙发与脊椎骨矫正和类风湿性关节炎的关系，都是人类

Acerbis

Ceccotti

Ceccotti

学、社会学、心理学、营养学、设计学、内科外科医学学生的毕业论文首选研究题目。

坐什么，像什么！（You Are What You Sit!）她自作主张改头换面有此一说，我想想也是。记得从小到大登堂入室，对一众亲戚朋友的最深刻印象大多来自各家各派的沙发，实在各有千秋：三舅父的漆黑真皮意大利五座位大型沙发配同质料侧几，经由忠仆娥姐时时刻刻手拿一罐真皮保养液拭拭擦擦，一室皮味难忘；亦有一度同事小陈不知怎的迷上了 V 字头设计师，把历代欧陆高贵奢华发扬光大变种，问题是小陈太懂得珍惜，裹着沙发的包装胶袋久久不忍拿掉，我们坐在黏黏稠稠的沙发中，只得堆起一脸笑；当然还有跟户主性格一般刚烈的硬直得不能动弹的，或者是松软得一坐下如堕入五里雾中不知去向的，也有不知名奇怪物料，坐下去总像有一千只虫子在细细地咬；更常见的是自行组合安装的版本，不出数月便如在船上，左摇右摆……

关于沙发，及其甜美与堕落，当中有的是软硬兼施的学问。也难怪上好的沙发总"附带"一个稍稍惊人的价目，因为从内里木材骨骼，结构宽深与倾斜的讲究，扶手的高矮以至弹簧多少，海绵厚薄，坐垫和靠背当中选的是哪一个等级的鹅毛，以至沙发面布质料颜色的配合——一千种选择一万种可能性，见微知著事关重大，倒真要争取机会到处坐——坐出自家的喜好心得。

Flexform

对于我们，一如既往从最简单开始：两座位沙发，乳白厚棉布的"外套"可自行更替洗濯，鹅毛靠背垫子可随意安排摆放，坐垫软硬刚好，椅宽刚好睡得下微微蜷曲的一个人……且自备有大幅深浅各原色麻布以及花布，按季节心情就这么懒散地铺天盖地——沙发吾爱，请容许有生活上这一点浪漫奢侈。

启示录

当我们制造一张沙发，我们是在制造一个微型的社会和城市……
　　　　　　　　——彼得·史密逊

电视时代中沙发取代了狗的位置，成为人的最佳伴侣。
　　　　　　——金姆·乔森·格洛斯

百年不孤寂　情迷 Flexform

我发觉，原来自己这么喜欢看宣传目录。

分明刁钻，每每就从这些精美编排印刷的宣传图文中看得出一个厂商一个品牌对它自己有多大的信心，有多少是真材实料如假包换，有多少是浮夸充斥无中生有。怎样避重就轻，怎样打动人心，怎样把商业买卖变得知性感性，当中都是有趣学问。

"从传统中来，灵巧地拥抱现在，展望未来……在千禧年将临的时刻，我们要拥有什么？路途尽是刺激和困难，目睹种种得失和不安……可否有韧性地掌握和演绎我们对舒适对美的追求？"以上一段，我坐在Flexform的沙发上一边读，一边沉思细想。——这也正是 Flexform 之 1998 年宣传目录的卷首语，微言大义，实话实说，稳实利落有如其一贯设计。

年过半百，Flexform 这个意大利家具品牌似乎从来都专注沙发，也就是这种专注叫人动容。尤以十多年来起用安东尼奥·奇特里奥及保罗·纳瓦（Paolo Nava）作为总设计师，不以哗众取宠却叫人愿意长伴身旁。数年前我们狠狠决定花"一笔钱"买的称作 Poppins 的双座位，朴实经典，又睡又坐肯定可以坐上一辈子，记得某年 Flexform 的宣传目录都是清一色黑白照，泱泱大将气度，我们会心微笑。

Flexform

好好躺下来

半睡半醒的懒惰学问

David Colwell

我其实懒，
而且懒得理直气壮。

我常常跟自己说，像我这一代人，三十还未出头已经做了上一代人大半辈子几十年的事，精华（？）浓缩——大小公司高低职位；夜以继日不同性质、专业工作；处理过的纠缠的人与事；公私不分游历过的半个地球；驾驶过坐过的车、船以至飞机，吃过的贱价与贵格食物，穿过的这一季下一季潮流衣物，还有睡过的有硬有软的床……全都高速地一一经过、尝过，仿佛都知道（？）个中滋味，然后告诉自己，可以懒了。

她站在一旁看在眼里总不是味儿，小心未老先衰呢，她常常语带恐吓地跟我说，清醒清醒，其实外面还有未知未闻的大世界，一不留神把自己过早过快地燃烧殆尽，无力后继支撑承担，可惜也都来不及……

那就更需要懒一下了，我总有借口为自己申辩打圆场：就这样高床软枕躺下来未免太可惜，还是应该半躺半坐，半睡半醒。——我的毕业论文、公关策略、大会讲词，甚至刁钻情话，都是在这个迷迷糊糊的状态下，半懒半认真，有一句没一句地堆砌完成，却总又得到四方赞赏。——除了懒，其实我也不放过任何私家骄傲的机会。

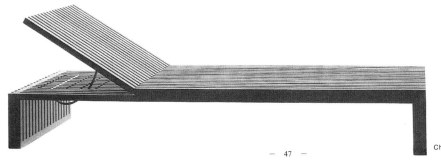

Christine S-Türcke

因为懒，也难怪我情有独钟的是可以让大家半躺半坐的躺椅——其实名字可真多变化。引经据典，二十世纪二十年代西方开始风行一时的宽木躺椅叫 Adirondack Chair，大抵可以从优雅室内搬到大太阳底下沙滩上面曝晒。往上推移又有古斯塔夫·斯蒂克利（Gustav Stickley）于一九○五年设计的躺椅——就叫 Stickley Armchair，扶手处宽得除了放上手臂，更可以放书、放咖啡杯，看来还有摇椅（Rocking）版本，又有更早期更简便的可收放自如的实木支架配上布料或者皮料靠背座位的 Tripolina Chair，领导设计的是一八五五年时候的约瑟夫·芬比（Joseph B. Fenby）……如果不叫作椅，我更喜欢的一个名字叫作沙发床（Day Bed）。晚上有晚上的床，白天有白天的梦，如此时势又偏偏要煞有介事地主动躺下来做梦，叫人暗暗有一种叛逆的兴奋。

她没有任何办法，唯有投其所好，翻出自家传统中的优良器物：远自汉魏时代，当席地而坐的习惯逐渐减少，坐床榻的机会就日益增多，独坐的、共坐的都有，木板制嵌的、竹篾编成的都流行，从历代画作各种床榻上相互依靠跪坐的古人行为动作，大可一窥当日的生活情趣与风貌。

The Habitatdeckchair

原来流传中土改先人跪坐习惯的椅和凳，也都是从匈奴处传来的呢！她一边翻书，有所发现地大叫大嚷——来自游牧匈奴民族的胡床，实际上是可张可合的折凳，便于行旅，多用作户外栖息的坐具，引入后常见于记载中将帅在行军作战中使用，及至日常社会生活的各个场合都有出现，到宋一代胡床又发展成有靠背的折叠椅，也就称作交椅，论造型和选材，又遥遥与西方设计的表兄弟相互呼应⋯⋯

管它叫什么名字，我跟她说，反正叫人可以好好躺下来，醒睡之间，胡思乱想。——其实大家都知道，懒得一时，忙足一世。

启示录

我们于日用必需的东西以外，必须还有一点无用的游戏与享乐，生活才觉得有意思。我们看夕阳，看秋河，看花，听雨，闻香，喝不求解渴的酒，吃不求饱的点心，都是生活上必要的。
——周作人

我喜欢睡觉，因为那既舒适且安全可靠⋯⋯所谓睡眠，即卸去责任的死亡。
——福兰·雷博维茨

泳池旁的贾斯珀·莫里森

不说不知，少年时代的她原来是游泳好手，且代表香港出赛，可是到了今天，留下的除了当年练就得极宽的肩膊，人早就退缩到室内游泳池里去了，原因是怕晒怕黑。——黑了十多年，请给我一个白的机会，她说。

我也说爱游泳，其实比较准确一点的是爱晒太阳，也因此竟然对泳池旁沙滩上的各式躺椅有所研究。打从孩提时代在港九新界各大显赫泳滩跟着父母背后用一元几角租来的帆布尼龙折椅，到度假会所泳池旁的自行调校或原木或塑料的刻意设计货色，我都一一道得出长短优劣。直至碰上那张由一向心仪的年轻英国设计师贾斯珀·莫里森（Jasper Morrison）设计的钢管躺椅，且唤作思想者之椅（Thinking Man's Chair），百分百满足了我的虚荣想象。

Jasper Morrison

贾斯珀·莫里森先生从来以四两拨千斤见称，简简单单不动声色，满满都是自信的流丽，难怪他自八十年代中从英国皇家艺术学院毕业以来，旋即被各大欧美家具厂商特约罗致。当然他也深知低调之好之美，轻描淡写一如既往，设计生产家具之余也静静编起有趣小书。她的手头就有一本他亲自编写搜集的各种羹匙的黑白小书《羹匙之书》（A Book of Spoons）。我道听途说，贾斯珀·莫里森先生也真的爱游泳。

Lobbychair

Plywood chair and table

摩登夫妇档

浮华再检阅

我在团团转。

顶楼会议室，空荡荡。断断续续八小时地狱酷刑般越洋传真会议，身边一众在午夜时分太平洋另一端总裁宣告会议结束之际均在五秒钟内作鸟兽散，几近站不起来颓倒相扶者有，打翻半杯咖啡不顾而去者有，一室狼藉。只有我幽幽站起来，又再坐下，最后一个伙伴离去前疑惑地跟我说再见，问我：为什么还不离去？我随口应对说要再休息一会儿清醒一下，太累不好开车。

其实我自有自家原因，一个说出来自己也会脸红会发笑的原因：我实在爱坐会议室那张高背铝架黑皮活动座椅，尤其喜欢夜半空无一人椅中团团转，眼看会议室落地玻璃幕墙外的夜空港口星火流转，这个室内的私人无聊游戏也从小动作变成大场面。我常常想，什么时候该在家里也买这么一张办公椅，好让游戏继续。

其实我有做功课，打从一坐钟情，就仔细地查探这张椅的来龙去脉。查看之下果然发现来头不小：这张唤作 Aluminium Group Chair、编号 EA117 的办公椅，是设计史上摩登模范夫妇——美国建筑／设计师蕾·伊姆斯和查尔斯·伊姆斯（Ray & Charles Eames）的经典代表作。打从一九五八年设计完成，四十多年来历久弥新，进进出出无数公共场所、私人机构，座上客起起落落无数，只有椅子依然风光，甚至在近年更加成为潮流人物

Wire Chair

及媒体的殿堂"新"宠,连带伊姆斯夫妇俩的生活工作逸闻也被争相传颂,人与物相辉映,一时无两。

时为一九四〇年,年方二十八岁(!)的艺术系学生蕾·凯瑟(Ray Kaiser)与三十三岁的设计系讲师查尔斯·伊姆斯电光石火,一见钟情,致令后者抛妻弃子,双双共赴加州开始新生活。蕾的矮胖身形与查尔斯的高大性感明星风范引来坊间八卦闲话,当然这绝不影响当事人的创作生活——伊姆斯是史上第一个被纽约现代艺术馆邀请举行设计个展的建筑设计师,数十年来他们共同设计的数十款家具,糅合当代各种崭新物料,诸如合成夹板、玻璃纤维、铝管、无缝钢管,以便宜至昂贵不等价格大量生产至今,旨在登堂入室服务大众。两人在加州的家早已成为建筑设计学生的朝圣地,加上家具以外两人热衷的电影制作、摄影作品、面谱和玩具收藏,伊姆斯夫妇不容置疑地被封为设计史上领导摩登潮流的模范夫妇。

我常常跟她说,要在聚光灯下大庭广众下做标准人版确非易事,也难得高调如伊姆斯夫妇俩一起走在潮流之先又实实在在有真材实料。打着设计幌子招摇者众撞骗者也不少,空有形式但不实用不舒服的产品比比皆是,但伊姆斯夫妇的设计产品却以舒服贴心见称,说到底计算一番还是划得来。我在椅上转来转去终于停下来眺望窗外逐渐疏落的繁华灯火,忽地感慨起来想得很远——

La Chaise

今时今日，我们该怎样重新审视消费？怎样调节一向习惯的浮华享受？世纪末然后世纪初，接踵纷至，不甘手忙脚乱。口口声声说要有生活态度，眼见身边一切制度操守标准陷落，最后的坚持和执着又该是什么？忽而十年、二十年，回顾前瞻原来也得找一张稳实的椅子好好坐坐，我们还能否像伊姆斯夫妇当年那样风流快活，在时代的浪尖上乘势而起，把个人的创意、个人的梦想大无畏一一实现一往无前，还是被目前险恶的环境吓怕，晕头转向裹足不前，退缩到不能也不必翻身的境地。

然后手机响，电话那一端传来的是她依然清晰的声音：开完会没有？是站着，还是坐着？饿了没有？要吃什么宵夜？小心开车！……我站起来，揉了揉眼睛，玻璃幕墙反照的自己还算是自己，笑了笑，今晚收拾心情好好睡，明天再来。

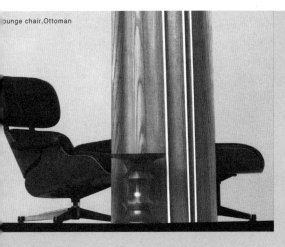

Lounge chair, Ottoman

安安乐乐

为什么会叫作安乐椅？大抵伊姆斯夫妇俩知道了也会会心微笑。

报道说，伊姆斯众多家具设计中，最广为人知最受欢迎，俨如现代经典的就是这一组设计于一九五六年的桃木"外壳"真皮坐垫，靠背扶手座椅连同系单椅成套。我有缘一见，忙不迭纵身坐（睡！）下去，果然舒服，果然安乐，但当然不菲的价钱也叫我倒抽一口凉气。

我急急唤来她，且露出贪婪渴望目光。她倒也冷静，不慌不忙仔细地拍拍坐坐，然后一笑：经典之所以是经典，总得跟它保持一点距离，明白没有？

载梦故国

半醒半睡的历史轻重

你老了。

她劈头一句，吓得我往后跳了三步。不，我急忙招架，你看我反应还灵敏，还懂得弹跳，如果真的老了，早就颓倒下去无力支撑——

早知你会想尽办法撑下去，她笑着说，还有那些沉甸甸的明式靠背椅撑腰，老实说，究竟你觉得这些古老椅子坐得舒不舒服？这个问题嘛，我当然据理力争，但也打算闲适地游一下花园：我们就先来想象一下当年的生活行事，当年的服饰，当年的饮食，当年的气候……

真的要做起梦来了，是一个古老的梦也好，年轻的梦也好，我总觉得在自己纷杂的生活认知喜好当中，要留一方位置给这些中国老家具，平稳实在的

China Art Central

有，雕琢堆叠的有，坐着看着，隐隐总是牵动着大脑某一处神经，错综追寻的，也叫作根。

"寻根"这两个字好重，过程很难无痛，也肯定会流汗。常常笑自己的根是水生根，漂来荡去，悬浮在 H_2O 组合当中，究竟是定居还是流徙都不很确切清楚。当然却实在知道，给自己碰上故国前朝的历史"遗物"，尤其是这些与庶民生活起居关系如斯密切的家具，总有一种难以言喻的欣喜，我知道这不是拥有的快乐、消费的快乐，这是一种人文的欣赏的感情的满足，从这里出发开个小差做做梦，梦里许是故国的辉煌绚丽与悲凉沉痛。

冰片纹四屉书桌，夔龙足雕花衣橱，仿竹节回纹花几，高束腰拐子龙古币方桌，透雕丹凤朝阳花罩镜面架子床，嵌云石屏背罗锅枨扶手椅，云纹书案，黄花梨鼓凳，万字门瓶栏围多宝槅，草拐纹如意花几，紫檀嵌玉炕柜，夹头榫小条凳……

……似懂非懂的行内名词术语更增添了追寻的趣味，每一个造型、每一道工序、每一种材料都有渊源学问，谁说老人家才会对这些老家具有兴趣，我终于向她开火，谁说要破旧才可以立新，我相信的是承先启后，继往开来。

先不要说近年西方家居装潢卷起东方风尚潮流，如果把这看作一些借取灵感的小动作，我们更有必要对自家的传统来一个透彻的认识——那么说，面前这一对靠背椅——唔，年底的远行看来要先搁一下……

启示录

人无贵贱，家无贫富，饮食器皿，皆有必需。
——李渔《闲情偶寄》

人们都喜欢古老的教堂、旧家具、旧字典和旧书，但却完全忽略了老人的美。这种美的欣赏是人生很重要的部分，因为一切古老、圆熟的事物就是美。

——林语堂《生活的艺术》

最爱读书人

你有多久没有完整地读完一本书？她忽然问我。

嗯，这个，这个……我按着被刺中的死穴，企图顾左右而言他。

实在没有停过买新书、读新书，新书的确天天有，尤其是海峡两岸的，精彩得不得了。可是总是书太多，时间太少。同时一起几本轮流读，三分之一，二分之一，读不完又有新书涌至，一知半解感觉感觉就完事，指望下一回合更精彩。

看不完的书就这样堆起来，有待某年某月某日再眷顾，终于坚持看完的一定是心头最爱，搞不好还要翻看，什么时候储好钱买一个山西榆木通花书柜，把这些私家精选都隆而重之放好。读书人最爱，除了书，还有书柜。

China Art Central

Zenotta

依靠与拥抱

贪逸恶劳地面部队

已经四十五分钟！

从心平气和、有条不紊，到眉头紧皱、面红耳赤，再到虚火上扬、声音变调、濒临爆发边缘，又到自行压抑、调节、开解、冷静⋯⋯我手执电话筒侧着耳提着肩跟一个海外的同事（同事？同什么鬼事？）谈一通长途，一谈就是四十五分钟，千头万绪，意见相左，互有原则，各不相让，最后是五十二分钟匆匆找个借口先把电话挂断。掷下听筒那一刻我想狂呼、想大骂，甚至想哭⋯⋯但我很清楚地知道，这里是办公室，一个理性的冷静的干净的群体空间，板隔小单位格格紧贴紧扣，不高不矮结起来相互监视，对话恭敬谦让不过不失，一格一格"蜂巢"的尽头是小小共有的休闲回气（？）角落，可是那里的沙发却更酷，坐垫靠背方方正正硬邦邦，坐下去腰板更加挺、脑袋更加灵、警觉更加高⋯⋯去你的办公室。

自觉像一条战败受伤的狗，一个月不止一次，离下班还有二十分钟我早已弃权闭关，管他电话再响得疯，不想别的，脑海迷迷糊糊出现的是家里那张松软的沙发，

Gaetano Pesce

Zenotta

那一地可以拥可以抱可以随地安放的靠背与坐垫，放下野心，放下事业型强悍功架，卸掉衣裤鞋袜，难怪有人说家是最后一个避难所、庇护站。噢，老天保佑，家当然也可以是另一个战场。

准时踏出办公室大门，再挤一回电梯走到街上，夏日近晚的阳光还是肆无忌惮地洒满一身一地，迎面当然有无虑无忧青春少艾一色古铜一身肌肉一脸笑，也有久经沙场满身伤痕以名牌制服掩饰的上班族。上班？工作？当下不是讨论争辩这些大是大非的时候，当下要马上回家！

躺在地板上，真的，躺在地板上，枕着有如枕头的从沙发拉下来的靠背，拥着一起去挑选绒毛布料度身定制的坐垫，我企图让自己脑海一片空白——原来要什么都不想也真的有点困难。英雄气短，败阵的一刻请给他们一条去路，我知道自己的要求其实很低，就让我这样枕着躺着最好睡着，耳边最好还有本·韦

l'heure des mimosas

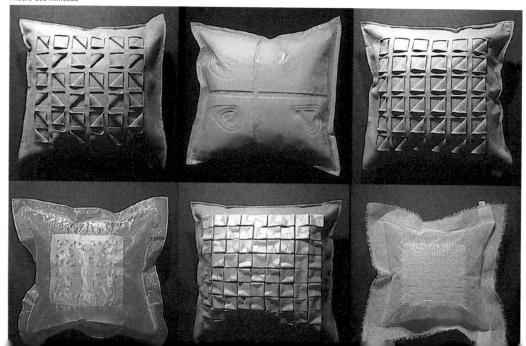

伯斯特（Ben Webster）一九六五年灌录发行的 *See You at the Fair*，高音萨克斯风由远而近，温柔细致不愠不火，非专业乐迷如我——专业？专什么业？对不起，火又来了，算了。熟悉的调子 *Someone to Watch Over Me*，然后是 *Over the Rainbow*——如果相信冥冥中有主宰，愿随他去一个贪逸恶劳、席地可躺可卧的天堂。

启示录

　　智慧源于平衡。工作狂通常都是聪明、有趣、机智又迷人的，但独缺少内在的智慧，从他们生活中问题丛出不难看出这一点。……

——芭芭拉·古林洁

　　一个人如果生活中某方面出了问题，其他方面也不可能有好的表现。生活是不可分割的整体。

——甘地

吓一跳！

　　她一进门，只见地上躺着一个半裸男人，衣衫不整而且早已沉沉睡去——这当然是我，不然的话事情更糟糕（也许更刺激）。她定一定神证实我不是从此归去，也就让我继续好好地拥着软垫当枕头好好地睡。

　　对于大大小小坐垫以及枕头状床状的舒眼物体，旁及那些矮矮贴地的半床半椅，她从来就有好感，始终是贪舒服，也厌弃那些平板方正位高权重的重型设计，对于这些懒懒散散随意随心的半躺不坐的难以定名物体最有好感。赶不上二十世纪六十年代嬉皮风流，当年还是三四岁的我们大抵做了"花的小孩"，但现在回流涌现的一批当年经典复刻版，诸如意大利设计老将盖特诺·佩斯（Gaetano Pesce）的 up 系列沙发，真空吸塑把乳胶甜甜圈都压成纸牌平面状，一朝开封整张椅子弹回原状到眼前，肥肥矮矮很合味道。她蠢蠢欲试，拥着坐着，当然也不用问我，身边的男人有多懒有多好，她完全知道。

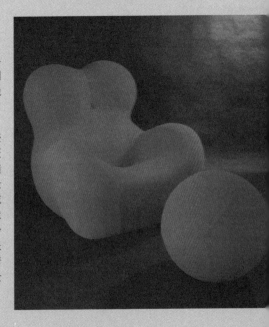

四季乱穿衣

贪玩躲懒变身大法

Hinson Linen

你真的不觉得闷吗？她问我。

这个问题你似乎每半年就拿出来问一次，我有好气没好气地说。不，我真的不闷，你说我从一而终也好，说我固执守旧也好，或者简单说根本就是懒也好，我就是这样，三个颜色，白、灰、黑。上班也好，逛街也好，运动也好，穿着都是这个配搭，衣裤鞋袜三色齐全，想也不用想就可以穿上身。说到底要穿给人家看的年代早在二十年前就过去了，要周遍兼顾的周遭大事实在太多，难道我还要锲而不舍地追逐时装潮流？靠这些百变衣装来为自己加分？

她一时语塞，同意，也不同意。怎么穿怎么配搭，毕竟是个人选择，庆幸的是我钟情上身的颜色不是红绿黄，不然的话这场骂战更灿烂精彩。灰黑白怎样乱来，也错不到哪里，大不了是斑马纹或者斑点狗，我不爱宠物不用担心。其实她怕的是我久而久之就懒，太安心太安分，自以为是封杀一切可能性，不闻不问外面世界已经走到尽头又重新再来了几次，怕我懒，也就是怕我老——

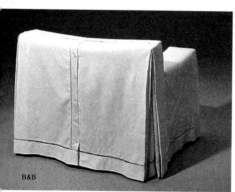

怕我老？我失笑。老了就去换皮去整容去漂白，反正你只注重我浮起来的一层表面。难道你不晓得无论怎样更换穿着，不过是看起来漂亮感觉上年轻罢了。老了就是老了，为什么不可以老得光彩、老得活泼、老得厉害，我倒着实在等我一脸斑驳皱纹的那一天，信心保证更酷更型。

算了吧，没打算跟你扯得这么远，她转来转去转不了弯只好找个位置好好溜。七色八彩就留给我吧，反正你追求的只是内在美，就让我这些细眉细眼的，去挑剔去关注去放肆搞作。乱穿衣，漂亮漂亮自己。我的好意你既然心领，我倒乐得集中精神去为一室的台台凳凳做形象指导——强加于物总比强加于人容易。我还是继续对她揶揄，一面搞建设一面搞破坏，就把原来打算穿上我身的衣物都让沙发让椅子穿着吧。这个当然，她倒真是义无反顾，早有准备为家里的沙发和单椅来个夏日变身大法，挑的都是当季天桥上走下来的新布料，有轻有重有归真有作怪，度好尺寸假手于人就如定制衣服，又或者自行 DIY，都是自制乐趣。

不要再说我乱买衣服乱穿衣，她微笑着对我说，我多产，往后有一大班仔仔女女要照顾。

一年四季。

Ascraft, Lorenzo Rubelli Schumacher

启示录

相互依赖应该是、也必然和自给自足一样，成为人的理想，因为人是群居动物。

——甘地

人在有生之年都要学习如何生活。

——塞尼加

一世无休

夏凉冬暖，厚厚薄薄又一年，然后，一世。

她发誓不会像我那么念旧，春夏秋冬都是那么三种颜色几种质料，要尝新要找点刺激和变化，换人比较烦，换物大抵不一定丧志，更何况只是替桌椅换换外衣。

棉属于四季，麻和纱都格外夏天，羊毛、驼毛以及其他真假兽毛自然属于秋冬，加上日新月异四季不分的混纺，令感觉更加复杂精细，认真玩起来肯定是学问，加上没有现成货色，都是度身定制，简单的家居动作原来走的是高贵时装档次，言重严重。

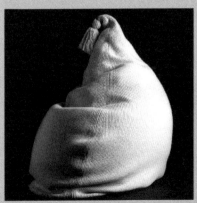

Njal

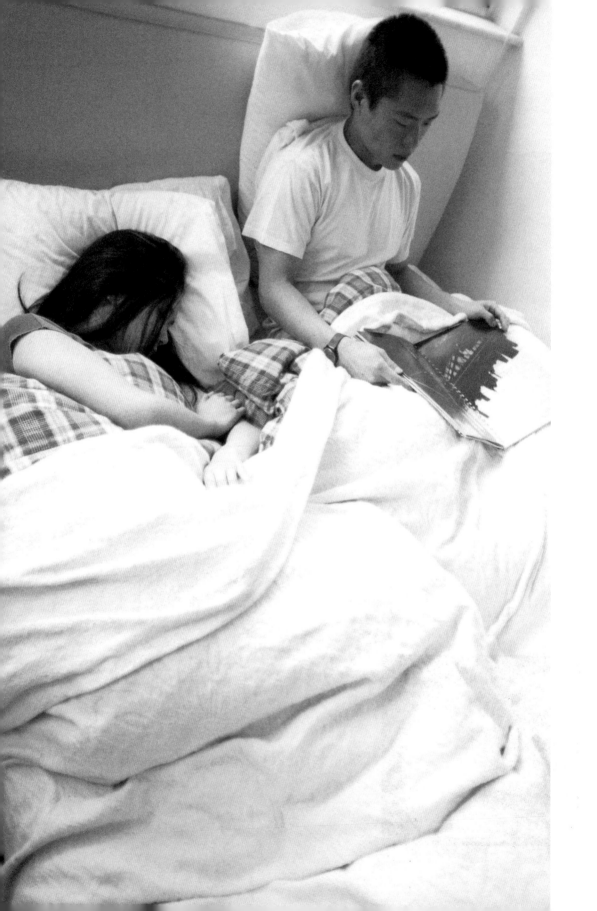

恋恋床事

没脚的鸟 无脚的床

一夜之间，这个城市有了属于它的光影传说，众口相传，仿佛人人都见过这只飞来飞去从不停站的没脚的鸟。

她也自比没脚的鸟，起码希望是，当中总有那么一种义无反顾的痛快。她心软，但嘴硬，总得找个借口（其实也是随便找个借口）让自己保留那么一种脱轨的游荡的可能，反正生活太正常太沉闷，晚上都睡同一张床的时候，总得让自己有机会梦到另外的一张床——

床是开始，床是结束，统计数字都证据确凿地说人的一生有多少多少时间是赖在床上，窝着那一团被褥恋着那一个枕头——以及床上可有（？）可无（？）的那一个人。或者时兴都干净利落地说我喜欢一个人睡，一人独占一床，天大地大，懒得去顾床上应有的交往礼仪。

有天无聊，她跟我躺在软软床上暖暖地忆起自小睡过的床：小时候家里穷，我与兄弟姐妹和祖母同睡几块床板拼凑成的硬床，床上多铺一张旧棉被一张草席就睡得香甜安稳。她不是童话里的小公主，在公共屋村长大的她在家里睡抽屉。不骗你，她对瞪大了眼睛的我说，直到长高长大后有一天抽屉装载负荷不了，才睡到地上。是，是地上！然后大家都开始睡流行一时的双层"碌架"床，地小人多实用挂帅，房间里竟然有了高低层次阶级分野，谁上谁下、该是谁人的领地属土，是兄弟姐妹之间无尽争执的开端，也同时是想象无踪的家居冒险游

Lievore's Shell

戏的源头，上层、下层以至床底，有山有水有洞穴有飞机有车有船有桥梁有吊索，风光明媚，四时都有自制床上游戏……

　　然后是离家的日子，离开之前悄悄溜进父母的房间躺一躺睡一睡他们有乳胶弹簧床垫的床，然后开始到处睡。我和同学搬到某区某个市场楼上的一室一厅小房子，几个男生挤在一张薄薄垫褥上，当然就是铺在地上。独立时代的开始，睡的已经是没有脚的床。她住的是宿舍，好歹总算有自己的一张床，开始买属于自己的第一套床单被罩，还有两个大大的枕头。之后就是理所当然的路上的日子：青年旅舍那些一个房间二三十个床位的经历，最记得那一套随身必备的粉蓝色床套，还有大城小镇的各个廉价旅馆里的床，或软或硬，或大或小，往往倒头便睡，梦里不知身是客，醒来也很少收拾，匆匆再上路——只是我断断续续有个习惯，随手拿起相机把住的房间睡过的床拍下来，不太刻意，却是实在留下了容易忘却的回忆。

　　自从有了真正的属于自己的小房子，我跟她说，我们有的所谓床，从来也不是传统的有脚的床。地方小，到处争取储物空间，当然就往床底打主意，甚至一般床侧的尴尬通道也得好好利用，所以发展而成的就是房中一整个小平台，也就像北方的炕，不同的是炕下不生火，满满都是被铺杂物。这个"迫"出来的设计，倒也真的方便实用，使开放的空间有了明确的高低分区层次，甚至有点舞台味道。——好，就让我来自编自导自演一出床上好戏，她笑着说。

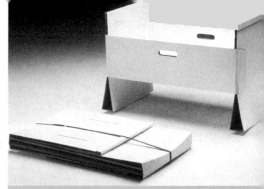

没脚的鸟睡上无脚的床，还要坚持的是没有图案纹样的床单被褥，我们早早警告要给我们送入伙礼物的一众友好，非素净不可，以棉麻为尚，请打起十二分精神，免得大家进退两难不知如何下台。——当然最后收到的是最实际的现金礼券，床上的事还是该由两口子自家亲自去打点。

启示录

　　我认为曲脚蜷卧在床上是人生最大乐事之一……在这种姿势下，任何诗人都能写出不朽的佳作，任何哲学家都能使人信服，任何科学家都会有划时代的新发明。

　　　　　　　　　——林语堂《生活的艺术》

　　作为屋里面最个人的一个领地，睡房竟然是最被忽略的。

　　　　　　　　　　　　——特伦斯·康兰

童床异梦小尼莫

　　你实在崇洋，她唠叨着我，就连看漫画也是，一天到晚捧着的是欧美硬皮精装，很少眷顾身旁本地和内地创作——

　　也难怪，我抢着回说，不是不喜欢自家创作如《三毛流浪记》，无字天书，苦难尽在不言中，确实棋高一着，但一想起三毛无家可归睡无床铺，寒冬腊月只能瑟缩街角以旧报纸抵挡大风大雪，确也是叫漫画太沉重，低回掩卷不忍再看，所以高高兴兴看的宁愿是另一个关于床的故事——《小尼莫梦乡历险记》（ Little Nemo in Slumberland ），美国漫画前辈温莎·麦凯（Winsor McCay）在二十世纪初的报章连载的经典巨构。无名小子尼莫在床上发的都是荒诞大梦，穿一袭白色睡袍，上天下地与各式各款神怪妖物打交道，比另一出经典《丁丁历险记》先行一步，更富奇想浪漫格调，加上麦凯用的是二十世纪初新艺术风格笔法，造型风格都带点风流花哨，转弯抹角却又比日后的仓促多一点典雅，最叫我印象深刻的是每回篇末，尼莫都梦醒过来，独坐床上呢喃浮想。如此说来，床是否无脚、鸟是否没脚都不打紧，最重要的是夜来有梦，梦到该梦到的、想梦到的。

Winsor McCay

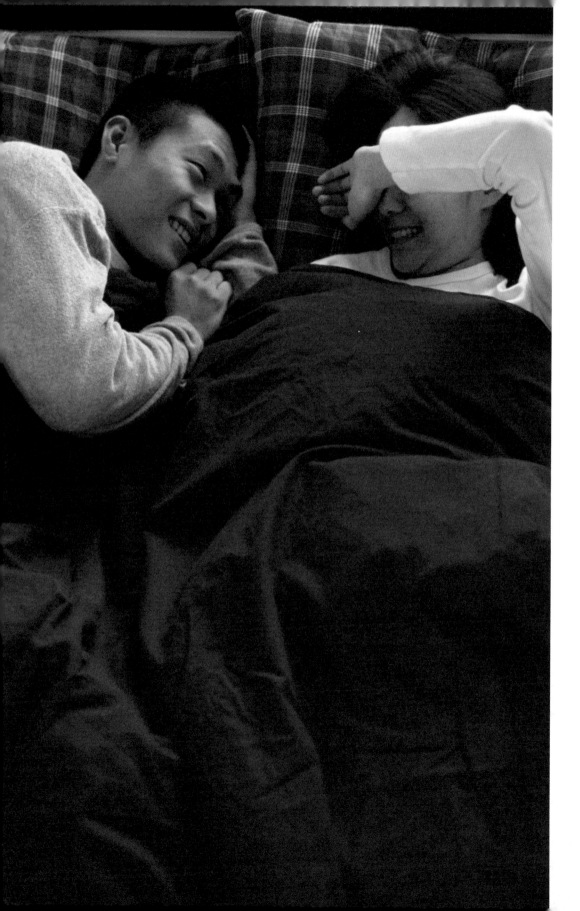

同被共枕

快活不知（睡眠）时间过

不知怎的，我们在床上谈起我们的第一次。

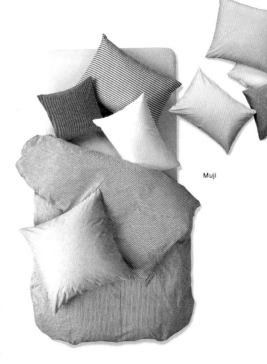

Muji

第一次？她眯起眼做回忆状，第一次看见你是在舞台上。那个时候你还是文艺热血青年，什么国家地区电影节、老牌经典剧目以至实验戏剧、舞蹈音乐不在话下，还有大小画展雕塑展、文学讲座写作班，诸如此类总会有你出现，当然你还是念理科的。那回你也是第一次踏上舞台，参与一个前卫团的实验演出，走来走去之后躺下滚来滚去，然后戏就完了。为什么我偏偏会在台上一堆看来一样的人中认定你，我真的不明白。

第一次？我抢着说，第一次跟你约会第一次吃饭，你说喜欢吃日本菜。我想这趟可真糟糕了，穷学生碰上富家女，真的不知会不会刷爆卡。只见你吃罢三文鱼刺身，又光叫那些贵人价的甜虾寿司、金枪鱼手卷，不知怎的又跑出个盐烧油甘鱼头，再来一碗稻庭乌冬才勉强刹车。我正要准备卷起衣袖去洗碗，你才告诉我这是你舅舅开的店，如要付款只收茶钱。

Ralph Lauren

至于我们不久之后的真正的第一次——我苦苦思索，怔怔与她对望良久，现在倒真的不记得那是在什么地方什么时候，你的宿舍还是我的家，深夜还是午后。她坦白地跟我说，也许这都不是我们各自的第一次性经验，也就有"理由"记得不那么清楚，反正糊糊涂涂地大家在一起走到今天，睡的是同一张床，枕的是同一款枕头，盖的是同一条被。

也算难得，我眯眯笑着说，难得的不是你，难得的是两个身份家庭教育背景有异、性别身高体重骨骼结构都截然不同的人，可以长时间用同一张床褥——不是说有些人该睡硬一点薄一点的垫褥吗？尤其是枕头，我们的头颅颈椎长度都不一样，却都同时枕同一款式的两个叠在一起的软枕，难怪我会间或肩背酸痛你却若无其事。说来也是的，她若有所悟地说，自小我盖的被都用淡色的被罩，你却喜欢深棕普蓝，我大方，也就随便迁就你。——还说还说，我冲着她说，我从来不怎么怕冷，你却天一凉就赶忙盖毯盖棉被，害得我半夜三更在被窝里满身大汗，在冷伤风之前就已经先焗出病来……然后然后，大家都不再说了，因为无必要互讨没趣，为了这个"第一次"的枕头被铺问题导致最后一次的骂战。

不如转去一些无关痛痒的话题——我依稀记得小时住家附近还是一列战前唐楼，某地铺还是一个打棉胎的工厂，打棉胎的工具有一支长臂，工作大台上铺满棉花，长臂舞动弹呀弹的，只记得这么多了，不好意思。对于她来说，这都是史

前回忆，她的年代已经有羽绒的人造纤维的照样暖和的被，她大抵也没有试过被重重旧棉被压得喘不过气的日子。

其实我们真的好像没有试过在床上吃早餐，明天要不要来第一次？——临睡前她突然对我说。也好，我微笑回答，明天早餐我打算弄热妈妈给我们做的萝卜糕，还打算煲白果腐竹粥，你打算在床上哪个地方吃？她自知又多说了话，赶忙关灯。

启示录

当一个人回到家，枕在他熟悉的旧枕头上休息时，他才能体会到旅行之美好！
——林语堂

神话是集体的梦，梦是个人的神话。
——约塞夫·坎贝尔

给我安睡

我其实从来身在福中，因为我是那种到处睡的男人。在老朋友家里吃喝完毕，人家还在社交活动天南地北拉扯，我已经一个箭步直奔沙发把自己摔进去，然后就昏昏睡去，睡得美不美不打紧，睡得甜已经足够。即使到处睡，回到家睡在自己的床上照样安枕，我不需要睡很长的时间，但每回都熟睡。

Steve Galerkin

相对来说她就比较容易醒，而且间歇失眠，她曾经把原因归咎在晚饭喝的茶、睡前看的电影或者书，又或者谈的一通长途电话，其实种种原因，避也避不了，只是听说坊间流行的健康枕可以解决某些问题。例如枕头表面的凹凸设计有按摩头部神经的作用，中间低两边高的弧形设计能使颈椎部位得到适当的承托；更有说磁性健康枕可以促进血液循环，防止血管闭塞；还有就是一时流行的药枕，凭药材气味熏治头痛、伤风、鼻病、神经衰弱、失眠等等，把几千年中国文化藏于薄薄一片枕头。面对种种选择，她还是左思右想拿不定主意，换了是我，早就搂着随便一个枕头睡死过去了。

越堆塞越快乐？！

没有季节的衣柜

我不相信有来生。

那可糟糕了，她说，你看我们衣柜里的衣服——再穿十世大抵也穿不完呢。

也忘了不知从什么时候开始有这样买买买的习惯和能力，也许都享受一见钟情、脸红心跳、意乱情迷的一刻，且可以马上掏出现钞或者签卡，当下占有大包小包拿回家，沿途更满心高兴，闭眼都是满分自我新形象，国王跟皇后有新衣，至少双双兴奋半天。

亦忘了不知从什么时候开始，我们的衣柜里都一色的黑白灰，偶尔有点蓝。黑是她的钟爱，爱到一个地步，不得不承认自己其实是懒。春夏秋冬、长短宽紧，黑无敌，黑万能，早出上班是黑，盛宴晚归是黑。日积月累，她细致地分得出这件黑带红那件黑偏蓝，什么时候该穿冷一点的黑，什么时候该暖一点，黑更有软有硬……难怪她每次碰上时常公开曝光、以身作则宣传黑之好的时装设计师友人，都拥作一团，我总在背后揶揄说都是一帮黑道中人。

我却只能是白，尤其是夏天。湿热翳闷风尘扑面，这个城市的环境状况、空气质量会越来越坏，一身白是心理战衣，对我来说甚至是生理需要，因为近年习惯了

白的 T 恤、白的 Polo 恤、白的衬衫、白的长裤短裤，还有白的手巾，偶一不慎穿了一点别的什么颜色，即使未走到太阳底下，都会出奇地挥汗如雨。我欣然接受这种几近病态的生理反应，花花世界太烦太杂，我奢侈地迷恋白。

然后是灰色地带，也是我们能够走在一起的原因。各自调校各行一步，我最能接受的是花灰（为什么叫作花灰？我倒不明白。），花灰叫我想运动——我的运动衣裤有薄有厚，都是花灰。她却最了解炭灰，尤其是厚绒大衣似乎生出来就该是炭灰，捧在手里、搂在身上仔细看，灰中杂各色毫毛，她担心自己变态。

当然还有蓝，蓝是我们的实验空间、脱轨地带，牛仔衫裤的靛蓝磨得出一千种变化，已经是本世纪全人类难逃一试的经典。我有一件结实的彩蓝恤衫，专门在重

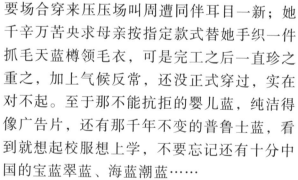

要场合穿来压压场叫周遭同伴耳目一新；她千辛万苦央求母亲按指定款式替她手织一件抓毛天蓝樽领毛衣，可是完工之后一直珍之重之，加上气候反常，还没正式穿过，实在对不起。至于那不能抗拒的婴儿蓝，纯洁得像广告片，还有那千年不变的普鲁士蓝，看到就想起校服想上学，不要忘记还有十分中国的宝蓝翠蓝、海蓝潮蓝……

单是黑白灰蓝，已经进占了我们室内半壁江山。她记得每一回都跟我说，我们需要的都是一些基本的颜色、基本的款式，可也就是每次都爱不释手的基本款总出一款数色，一色数件，似曾相识的兄弟姐妹在衣柜

里久别重逢，天长地久早就忘了曾经相互拥有。——经年累月我们最熟悉的就是怎样把一件很厚的衣服折得很薄，怎样把春夏秋冬四季衣裳堆叠存放得超高智慧，而且对市面各款衣架的造型结构功能以及负重量了如指掌，也对各种防虫防潮樟脑香精的功效和气味一清二楚。当我们探访好友 Y 的新居，看到他的开放式衣橱有如高档零售十分风格地挂几件衣裤飘来荡去，两人都十分疑惑。离开的时候她问我，我们也是否应该学习减法，尝试清算一下目前的灰蓝黑白，以环保节俭为名，广征用户，把自家的衣服暂存（？！）在人家的衣柜里？眼不见，真干净。

启示录

拿你用得着的，剩下的让它去。
——肯·凯西

一点点的含糊对大家都有好处。
——亨利·基辛格

衣柜出来者皮埃尔·里梭尼

朋友到访，我绝不介意人家推开我的书柜，中外古今咸甜好书，看书如看人，我很公开，无所谓。她也不介意大伙走进厨房看她的橱柜，打开来杯盘碗碟都自信是精选，油盐酱醋大抵家都一样。至于更稳熟的，该不该让他们感受衣柜里的风光？我们还没有想清楚。

那回到好友 L 家里，却是大开眼界、启迪良多。他是标准的实用功能派，家里从来就是一二就是二，鲜有多余装饰。我们发觉，他家里的柜，无论书柜、橱柜还是衣柜，竟都是一色传统办公室里面的组合钢柜。——早就变身 SOHO 独身家居办公一族的他，竟然还真的有挥之不去的办公室情意结？！钢柜虽然确实有一点重量，但也胜在耐碰耐用自由组合，难得更可以自选颜色，L 挑的是一种淡的军绿，含蓄战斗格。我们逐一推开检阅，发觉深宽的大柜里头的确可以有所作为，继续自行加减层架各有发展，门一关，统一整齐，一个"酷"字。

如果我有一天醒来发了财，他笑着说，我会一口气请这批钢柜退休，新上场的会是意大利新贵皮埃尔·里梭尼（Piero Lissoni）的组合柜。L 一边翻开目录一边兴奋推介。怪不得，我们相视一笑，干净整齐还是一贯，比例造型再进一步。你的儿童乐园合订全套会放在哪一格？我问他。

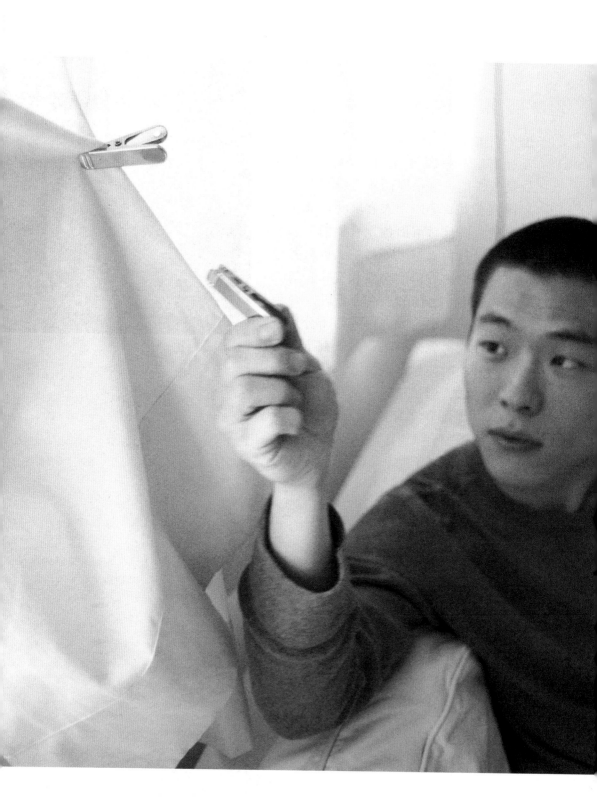

始终记挂

悬在半空的恩怨

还是看不透——

即使层层叠叠的看得透的上衣下摆卖了／买了好几年，她咬着牙壮着胆豁出去赶快告诉自己：买！再找个机会借口：穿！然后还是将这些轻如无物的放回衣橱某处。玩的是暂时失忆的游戏，非故意，只是衣橱里自有它的潮流（情绪？）起伏的生态系统，许多年许多年之后考古发掘，惊觉自己有过这样的选择。甚至在不同时空竟然有过相同的选择，一式两三样，包装纸还未拆，勉强怪的是自己记性不好，至于贪新忘旧这个罪名，不太想挂在身上。

始终看不透弄不清什么是时装，一举一动拥护或者反对都有所牵连。作为一个普通消费者凭的是一时冲动的一股勇气，其实又勇在哪里？真金白银买的是你、我、他和她都可以买的，无谓高调地说见证了某个时代某种款式。设计已死，有人如是说，都是时装工业内部精密计算预先配搭，加上造型师化妆师摄影师的招式、传媒的造势配合，在一个名模一哭一笑都成头条的年代，什么也没什么意义，着着都反高潮——

星期天午后，整理收拾洗好晾干的衣服的时候，一忽儿

B&B Italia

发愣一忽儿自语，她有如此表现我见怪不怪。我是过来人，早在报章杂志主打时装潮流资讯、急急招聘时装编辑之前，我已经当季当造编辑自己一身穿着打扮，年少轻狂件件有来头出处，行头之讲究叫办公室一众触目，也叫家里衣橱告急。那时还是和父母兄弟共住，又恐吓又哀求大哥与小弟让出各自的衣橱、书柜甚至桌面的空间，好让我安置这些天天新款，每回看信用卡月结单都发毒誓，然后路经名店还是面不改容地买。即使发展到后期专攻出口店、二手店，钱花少了，"货"却是越买越多，因为便宜因为好，家里小床铺与潮流风尚共眠共存亡，绝对是可歌可泣的一段历史事实。

眼不见为净，正因如此，衣橱里面才有太多被忘却的回忆。某天，我一觉醒来突然觉悟，如此下去可能要经营时装博物馆，下定决心将多余所有逐批送走，只留下穿过五十次以上的战衣，刻意单调，美其名曰"简约"（暗地里也是赶潮流末班车）；更将衣橱解体，小房间就是一个衣帽间（walk in closet），目的是让自己早晚看得到自己有的是什么，货架上久久未发市的理应早日归去。

我完成了过渡，时装潮流不再成为我早晚困扰，恩怨随风。——她还在风中，惶惶不可终日。

启示录

> 大众最喜欢的是颓废的作品。
> ——尚·考克多

> 统治这世界的是感情而不是理性，
> 这难道还不够明显吗？
> ——林语堂

半天吊

玩，玩什么？

老牌与新秀，一年两度，春夏与秋冬，是招摇，是炫耀，是宣誓，是功课，总算有交代，天桥上这端出来那一端走到你的衣橱里，年复一年，又一年，有人继续玩得不亦乐乎，有人已经很累。

拒绝再玩不是办法，试试有什么可以再玩才是挑战。面前玩的不是衣服，是意大利家具厂商 Edra 委任卡伦·切克简（Karen Chekerdjian）设计的一系列衣架！

开宗明义唤作 Mobil，彩色胶片切割的摩登浮游雕塑半天吊，且有钢线互相牵引，你高我低各领风骚。我一看到这聪明玩意儿就高兴，因为直觉有了好看的衣架连衣服也不需要了，舍本逐末也许正是当下好玩的游戏。

间隔分明

上帝请给我多一点空间

请给我滚开！

她怒目厉声跟我说。滚到哪里？！我反问。

我们早已习惯言语上的拳来脚往，旁人听来看来触目惊心的，其实是两人的轻巧小动作，不伤身不伤神，再进一步，研究的已经是吵嘴的文字修辞、语气节奏。

为什么吵起来，很简单，是因为这里有两个人住。但两个人住却又是称作伴侣的必然状态，说是宿命也不为过。从前老话说贫贱夫妻百事哀，多少带点经典长片的黑白幽怨。现在据说换了新时代新学识新态度，但两人同屋共住吵的还是老话题，还是你的衣服为什么乱放在我的书桌上，为什么你一直买买买那些读不完又舍不得丢掉的杂志——一千几百本占去了半壁江山，为什么球鞋买了一双又一双，还把鞋盒都一并留起来存着……然后吵得认真起来，面左左，两人都后悔为什么最初决

Tye

定房子设计方法的时候用的是开放式，一目了然，避无可避，吵起来的时候连转个弯也会跟镜里面的我或者她打个照面。平日口口声声说发挥想象空间的我，总算明白模拟虚幻空间上天下地是一件事，实际活生生的空间矛盾冲突又是另一回事。

冷静下来我们其实都还可以继续对话，半赌气半开玩笑地说倒不如就把一张床中间挂个帐隔开，一张饭桌画一条线分开，一张三座位沙发一人分一个半位置……说着说着突然发觉，其实为什么真的没有想到好好地利用屏风，好好研究应用可以折可以移动的间隔呢？

说起屏风，她笑着说，总想起酒楼筵开百席之余还要照顾散客，屏风背后一定有几台麻将桌，还有卡拉 OK。要不就是想到医院床位，生生死死进进出出——她倒是百分百忠于现实。我瞪着她说，我的屏风都在古画里，亭台楼阁，大山大水，才子佳人在屏风后干着吟风弄月的好事……屏风间隔的使用，中外各自精彩，大小高矮软帘硬料，大家享受的是临时的暂行的方便，积极主动的是

Dormy House

Tim Ulrichs

先后有序间隔分明，消极被动的是眼不见为净，屏风之后说不定藏起叠起的是三个五个不同的世界。时代也许在进步（！？），屏风间隔倒真的从密实不透明，发展到近来的玻璃或塑料，透明半透明刻意光明磊落，既在同一空间，实在也还是各有各的地盘，自欺的游戏乐此不疲，都是屏风帮的忙闯的祸。

启示录

如果两人始终没有意见相左的时候，那其中有一个就是多余的。

——大卫·曼荷尼

我最喜爱的生活信仰是：只有那些已经同意你的人才会同意你，你没有改变人们的心意。

——弗兰克·扎帕

沟通无间

你是你，我是我，始终是两个个体，要生活在同一屋檐下，从来都是大挑战。挑战你自己就好了，她跟我说，为什么还要每天挑战我？

错错错，人是群体的动物，要有交流有沟通，人才活得完整，才会不断有要求有进步……我长篇大论，她真的要找个地方暂避。

大被蒙头也是方法，实实在在地找个屏风隔开一下也是办法。她刁钻好眼光，一挑就挑中意大利特莱塞拉（Tresserra）的手工桃木屏风，还以金属细条镶嵌作简洁纹样。我走过去看看价钱，伸伸舌头，这样的价格足够我们与世隔绝了，也许我们可以问一问店主：可不可以买走（拿走！）包裹这道屏风的纸皮箱？

Tresserra

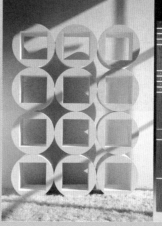

万能钢铁

建全家居架构

Testico & Whiles

我一直耿耿于怀，那一盒不翼而飞的玩具，事发二十五年前。

这叫作念旧吗？她笑着问。我瞪她一眼，这是不甘心不死心。其实这不只是一盒玩具呢，对我来说，这一盒不简单的伴我日日夜夜的玩具，是我的启蒙，是我的指引，是我的志向……可有这么厉害？她问。说来也真的是，现在的玩具店里也不怎见有这一类益智学问型的组合。其实这是类似乐高积木，但更男孩、更重金属、更闪更亮的工业型玩具，打了洞、漆了油、镀了银的钢片，长短不一却都沉甸甸，有长条，有曲尺，有弧形，也有早已铸成小立方的，配上各类螺丝帽，绳索钢扣，进一步更配上马达，砌成镶好可以变一部走动的小车。当然我也开始搭建钢片大厦，工业时代再来临，现代主义的功能挂帅挂到一个五岁的小孩的头上。可就是因为太兴奋，有天带到学校准备向其他小朋友示威，休息时上了一趟厕所回来就整盒不见了。你哭了吧？她追问。男儿有泪，当然大哭，但哭是哭不回来的，即使动用国际刑警也不能捉拿疑匪归案、弄个水落石出。

如果真的有所谓童年阴影，我如今当然可以笑着说，那就是一直都对这些"裸露"的钢架结构有所偏好，潜意识渴望有朝一日可以再续前缘。难怪我总是坚持要买面前的一组钢架储物柜，还是自行装拆的 DIY 系列，从那一盒到这一盒，年龄心情体态都不一样了，可就还是深知此志不移。

这些本来出现在工厂仓库、车间生产线上的钢架结构，标榜的本就是功能和实用，无遮无掩将承载货物外露，省时省空间省钱。然而这种工业需要渐次转化为工业美学，更广泛地推广普及至其他服务零售业，最后更登堂入室广为一般家庭室内用户接受，俨成时尚风潮。摆明车马不好遮掩修饰，镀电钢管银光闪闪，酷得可以，钢架粗细疏密，层层叠叠有如建筑工地。她更打趣说，我们城市建筑地标银行总部，不也就是如此一个钢架的超级豪华版吗？难怪市民大众有样学样，或平或贵都买来一堆钢管钢架，去构建自己心中的华厦。

她倒要问问，她当然从来都不轻易放过我。储物外藏，你又打算怎样解决漫天城市灰尘的烦扰？这个嘛，我看来有备而战，我会准备大量的纸箱、胶盒、胶袋、纸袋……把日用杂物都一一整理收藏。那厢说来，你又怎样解决这些纸箱、胶袋上的讨厌的积尘呢？我追问。这就得劳烦你了，她不慌不忙，笑笑说。

智慧华厦

　　走在街上，我们实在越来越不耐烦。恼人噪声，杀人空气，还有从川流一众口中吐出的无尽的流言和恶毒的谩骂，还有体臭，你眼望我眼常常不知如何适应如何是好。抬头望，几层楼高大字标语卷下来，超新智慧型商厦日内落成，钢筋玻璃生态中又多了一棵千年不灭的怪"树"，智慧何在？一般人的一般智慧在哪儿？我们都没法好好回应。途经家具店，只见里头陈列新货，乖巧干净的有哈伯利（Haberli）跟马钱德（Marchand）设计、Alias 厂商出产的 SEC 铝金属组合。又是一座微型建筑，看来有点智慧。我问她，你打算住哪一层哪一个房间？

Alias

一家之煮 厨房性别政治经济学

对我们来说，厨房实在太重要。

还记得在搬进这七十多平方米的新居之前，我独住一个大约四十平方米的小房子，那是我母亲的物业（为什么母亲们都这般厉害，可以为孩子们准备这些过渡的居所？），我没有花太多时间去改动房子的基本结构，所以还是原来的间隔二房一厅一厨一卫浴，分别占的面积都少得可怜。她其实也把那里当作家了，反正我的母亲也把她当作半个女儿。两人在这小小的空间里开始了"间歇的"共同生活，本也和气——除了挤在厨房的时候。

厨房不到八平方米，窄窄长长，两个人进去后走动都要先扬声，以免碰翻了甜酸苦辣一身一手。厨房也特别多意料之内之外的杂物——柴米油盐，杯盘碗碟，生食熟食，电冰箱、电炉、咖啡炉、热水器、搅拌机，诸如此类，还有飞来飞去的刀叉匙筷小道具。更甚的是我们都贪吃，贪吃之余更争取自己动手，肆意让创意淋漓发挥，所以实际花在厨房的时间精力也蛮多——问题也就来了。

平日大事小事还算有商有量，但一进厨房两人都倾向独裁，她不要管我弄这道咖喱鸡合法材料程序，我不得批评她这个芝士饼是否放了太多的奶和糖。但两人都好胜，也都爱在鸡蛋里挑骨头，厨房也就成了我们互相攻击对骂的战场。加上我们很好客，当朋友都挤在外头嬉笑，我们两位主人在厨房忙得一团糟为大家准备只许成功不许失败的历史性大菜的时候，一举一动都有火——

不能再这样了，准备搬家的时候，我跟她认真地说。既然往后的日子我们都得在厨房里练武功，就得有个阔大的像样的厨房。可是新居的厨房也只是十来平方米，而且有点暗。那该怎么办？她幽幽地问。

别无他法，索性就把墙给拿掉，计划一个开放式的厨房——现在我们拥有的，是接连起居位置的一整个空间，算起来一眼望去有整整四五十平方米。加宽加大了的橱柜把要藏的都藏好，电冰箱参考了内置式厨房组合的方法，成为橱柜的一部分。亚面不锈钢的强力抽油烟机在四头炉的正上方，我们更终于购置了一直渴望拥有的落地烤炉——有了烤炉，可以实验的菜式就更多，卡路里增减的计算就得更严格。

互相批评攻击不够甜不够咸的机会还是有的，上纲上线搬出性别政治口号谩骂也变成私家乐趣，管它政治正不正确，为自己争取一个有利的活动空间原来最实在。厨房开放了，活动更透明，记得刚刚过去的我的生日的晚上，一群人跑到家里又吃又玩，下厨的当然还是寿星公跟女主人，但却不再需要困在小小房间里满头大汗，可以一边烹调一边跟大伙聊天，又可以指使 C 先生W 小姐洗碗切菜，分担一下辛劳。饭后团团围坐喝茶的时候，我心血来潮要再为大家表演拿手现烤咸、甜两款热饼干，桌上马上铺开了面粉、发酵粉、牛油鸡蛋和糖，先后量重、筛粉、搓揉搅拌，接着擀面压模，放进炉中，一气呵成技惊四座。烤饼的当儿，一众眼瞪瞪望着烤炉的透明窗门就像瞪着电视荧光屏。她悄悄地望了我一眼，只见我神采飞扬微微笑，从来也没有这样满足过。

厨房成了家的核心，是个人和集体生活的重地，天大地大，中外古今种种生活智慧与实在学问，原来都收归厨房。

超级主妇安东尼奥·艾斯特奇

她发觉自己越来越对厨房敏感——串门探朋友，当我去翻掀人家书架上的收藏，她却钻进厨房里看人家的炉具、锅子、碗碟，拉开电冰箱看食物的存放格式，甚至留意人家用哪个牌子的清洁剂……当然她不会认为自己越来越像一个传统的主妇。什么是传统？什么是主妇？厨房的限制，家的桎梏，桩桩件件都是可大可小的议题：一个女人一个男人该怎样在厨房里给自己定一个位置，由这个定位引申出的种种关系，足够写十万字博士论文。

她当然也被电影中的厨房场景吸引，费里尼电影中的经典意大利家庭厨房，彼得·格林纳威（Peter Greenaway）和王家卫的拥挤的餐厅厨房，还有《九个半星期》和《浓情巧克力》的性感的厨房，食和色和性，也许都是同一话题。

就连陈列室里的厨房，也叫她看得津津有味。有天我在中环游荡，闯进专售德里亚德（Driade）年轻版家居器物的 D. Store，捡起一对描了花卉图案的碗碟，翻开铝质橱架上的 *D.E.* 生活专刊，手头一期刚巧就是设计这些厨具组件的女设计师安东尼奥·艾斯特奇（Antonia Astori）的特辑。即使在今时今日设计师圈子里，女性还是少数，由女性去掌管整个厨房以至家居空间的设计看似再自然不过，原来当中也有很多挣扎、挑战和抗衡。从二十世纪七十年代中期参与设计策划到今天，安东尼奥·艾斯特奇的专业修养和造诣当然为人认同，但更重要的，是在她的设计作品背后静水深流的一种感觉，一种对生活的细致的观察体会，超越性别的局限最叫人动容。

Antonia Astori

十八般厨艺

厨中兵器述异

约了她在百货公司见面——也真的趁早最后见一面。这些一度风光陪着我们长大、不知故意在里头游荡迷路多少次的百货公司，竟都在一两年间同时结业。从此以后，老地方已经寥寥可数——然而说在百货公司见，她总很清楚明白我会在哪个角落流连，除了食品部，自当是家庭用品部。

我打算买这一套刀呢！我老远见到她，忙不迭兴高采烈地吆喝起来。她脸色一沉，唉，来迟了坏事了，家中又多添增利器，厨房从此多事！当然我还是十二万分陶醉，十二万分满意自己的新发现，其实每回经过家庭用品摊位，我总习惯张望一下临时推销摊档的特约专人在舞弄什么。——大男人一个声色俱全自言自语在玩家家酒，跟前堆满蔬果肉食，示范利刀之际把吃的都切成粒粒段段，手起刀落爽快得很，推销易洁锅的时候又煎又煮，翻来覆去以引证伟大科技小小发明；还有那些意想不到的只有日本人才会动脑筋且变成事实的看来无关痛痒但其实事关重大的家居武器：切洋葱却不会变泪眼煞星，切鸡蛋自行回转雕花，替蒜头脱衣服有最快方法，擀面团做糕饼如何不被

Borek Sipek

Björn Dahlström

湿湿粉团粘住擀杖，……一百种小动作一千种伟大发明，怎能不叫我在摊位跟前流连忘返，运气好的时候还可以试食。

这次展出推销的是利刀一套，标榜的是某种厉害合金，削铁如泥旋即骨肉分离之余，还有最巧妙的刀锋设计，锋不在刀刃却暗藏在刀身，不以先下手为强取胜，却不损功能地以安全为尚，大刀小刀之外还同场加映雕花神技，加送几种据说不会独立公开出售的独门兵器，拉拉扯扯锯锯便变出锯齿状薯条、通心萝卜圈和弹弓形芋丝，全套武功连秘籍竟然只售二百多港元。其实我还未见她的面未问准圣上同意，已经掏了钱包付了钱。

身为武林中人，她对我说，喜好刀剑枪炮以至各门暗器当然可以理解，但问题是得找到一个理想的兵器仓、军火库，君不见自家厨房已经挂得一墙满满都是：蒸、煮、炖、炸、焗、炒各有大小容器，准备过程当中的切、剁、刨、削、雕、割、挖、压、掐都可以各有工具，拉开橱柜弹跳出来的是历代工具发明设计史。更别忘了有二十世纪家用电器大汇展：煮食炉头（流行的更大无烟版本！）、抽油烟机、多士炉、微波炉、焗炉、咖啡机、多用搅拌器、打蛋器、洗碗碟机、冰柜……千秋万世，与厨房同在，又怎能不好好策划整理当中的大小长幼分工顺序，安排部署各个战略要点交通流程。爱吃才会赢，吃之前却得有好身手，更要配合有管理大学问！

Antonio Citterio/G. Oliver Löw

其实在花多眼乱的各式厨房兵器当中，她还是相信那些老不死。记得英国的饮食／生活／设计大哥大特伦斯·康兰（Terence Conran）说过，说到底，真正厉害的还是一柄木匙、一把锋利的刀、一组耐用的锅——就如法国普通家庭中的传家宝 Le Creuset 铸铁锅，永不磨损，永不过时，永不自我吹嘘夸耀，它来，是叫世人知道，生活中原来真的有必需品。

了无牵挂？
又见菲利普·斯达克！！！

红得实在厉害，她跟我说。且的确有真武功，我又羡又妒地回应，难怪他呼风唤雨，有最好的厂商排着队等他签约，有最好的科技发明听候他应用，有最好的编辑作家学者为他编写生平专著设计理念。他更身体力行，为当今世上一切重量级人马争一口气，以他九十公斤过外之躯，经常曝光出镜，胡闹笑谑一心做邻家大男人，且不时和自己的产品一道出现，打打广告提高登堂入室知名度，好玩又玩得聪明，最新杰作恐怕也是面前这只身处厨房的全黑挂炉鸭。

意大利家用器具厂商 Alessi，近年来也走出传统经典，与年轻一辈同玩乐。游戏当中怎少得老顽童菲利普·斯达克（Philippe Starck），一系列厨房用具都飞身挂起，从锅铲到汤勺，从刀叉到酒杯，甚至碗碗碟碟、香料瓶、搅拌器以至计时钟、手机，最后到他自己，都可以高高挂起，又时髦又实用。——千万不要一本正经问他的设计理念。滚回家去！他说，且罚你无牵无挂一个人睡。

Alessi

碗碟闲话

两个消费者的牢骚

不止一次，在本地或者外地，我们都同时或者分别地被老外同事或朋友问："How is the change? How is Hong Kong now?"

不必一味唱好也无谓刻意唱衰，虽然我的确很喜欢新机场，她很讨厌迪士尼，实事求是，我们都尝试客观地／主观地／严肃认真地／嬉笑怒骂地去形容描述去仔细解释，好让人家明白这个叫作中国香港的地方，现在是如何的中国如何的香港——但在一番唇舌之际，不止一次，我们都会突然说：我们买不到碗碟！

这话怎么说？说的时候也真的脑海一片空白，也叫听的一众完全摸不着头脑。碗碟是我们的至爱，也就是我们的盲点。打从刚认识还在念书的时候起，我们就经常在百货公司家居用品部玩这个游戏：各自绕场一周，各自认定三至五件心头至爱，然后逐一揭晓——千万不要以为是儿戏，其实电光石火惊心动魄，究竟你挑的是否我挑的、是否情投意合完全看得一清二楚。当然游戏

结果往往是令人愉悦甚至振奋的，说得直接，也就是这无数次在不同时空不同摊位面前的测试，验证了我们是应该走在一起的。

话说回来，为什么会说在这里买不到碗碟？我们也真的很想知道为什么。当然我们从来都习惯东寻西找，千辛万苦从山西某个村镇、法国南部海港某个小店、摩洛哥的公路旁、京都的古老巷子里，买回来捧回来那么几个在人家眼里不值分文的碗碗碟碟。但曾几何时，我们在本地的国货公司和日本百货公司甚至是街头巷尾的杂货铺、山货店里都有惊喜发现：无论是景德镇古瓷原来纹样的粗糙勉强版本，荷叶边青瓷或玲珑瓷，还是日本老一派的传统纹样或者新一代的素雅，都不时有发现，而且便宜！可是这数年间，怎么搞的？！国货公司的陶瓷用品部每况愈下不忍卒睹，连福禄寿也完全失色；日本百货公司起起落落，陶瓷部变成杂货摊，精品不再，连中上环那些经销内地瓷器的批发店也不能幸免。货源是一个问题，但挑货的有没有心也很重要。没有心，没有对日常生活细节的一点推己及人的体贴关注，从个人到集体一团糟，多建几个数码港也不济事。

好了好了，牢骚到此，她哄着我说，我们身边还有动手自制陶瓷的一批老友呢，支持本地创作岂不更好吗!？两人相视苦笑，默默冀盼这些花心思花劳力的手工制作不再只是小圈子玩意儿，能够有更普及的欣赏和应用。我们都知道，碗碗碟碟，绝非等闲事。

启示录

每个生命的结局都是一样的；只是从我们如何生如何死的细节中，我们才能有所区别。
——海明威

回忆过往、憧憬未来都很容易，而能够懂得把握现在，并得到领悟与力量那就难了。
——林语堂

如果我拥有

买不到心头好，当然就会轻蔑周围成百上千种选择。如果突然拥有，甚至是你梦寐以求、心仪崇拜的作品，你可会随便地拿来盛饭喝茶？

送你一对露西·里尔（Lucie Rie）的茶碗，我跟她说，拍卖价目有点惊人，是她老人家生前也想不到（也不想？）的吧。这位来自奥地利的纤细女子，长居伦敦，成一代宗师备受崇敬，温柔低调地以她的陶瓷的形体颜色和质地，贯通东西文化，感动每个对生活对日常有要求的人。拥有？如果你懂得珍惜你厨房里餐桌上的一个普通不过的白瓷水杯，已经很好。

你真的要送我露西·里尔的？她问我。

冰雪聪明

天寒地冻四季情

一不留神，我不知把我的手机给丢到哪里去了。

平日只有嘲笑人家的份儿，怎知道这次失魂的是自己。在仅存记忆中快速搜索，分明把手机拿在手里离家外出，在车上用过船上用过，在餐厅里拨了两通，然后在电影院里亲手关掉，看完戏又再开启，回家的途中还接了母亲的喝汤通牒，然后回到家。——家里面四壁一目了然，她替我拨了手机号码，久久没有回应，也就是说，手机不见了。

晚了累了，连抱怨的力气也没有，只有苦笑着告诉自己。有一回她随口问我，身边最重要的是什么，我想了想，认真地回答说，手机！虽说是身外物，其实巴不得是人体内置设备，时移世易事到如今，大家都被现代通信科技给宠坏了，没有了手机，关系崩溃感情破裂——虽然拿着超小型号在大家面前公开谈论的大多是芝麻绿豆事。——那么你身边最重要的又是什么，我反问她。她不假思索地回答：电冰箱。

Smeg

说它是什么惊天动地的发明又不是，对于我们这一代人，电冰箱的存在如呼吸一样必需、一样理所当然。一年四季寒暑变化，电冰箱谦虚谨慎地负责保温保鲜。什么都往电冰箱里扔的时候并不特别察觉它的重要，甚至只懂抱怨它的体积怎么换来换去都是那么小，放不下一个榴莲和一个西瓜。可是有天电冰箱突然坏了，你才突然发觉你的狼狈和尴尬，情况可以很坏很坏，因为一切可以变坏的都在加速溶解、分化、变坏。——电冰箱原来是家里的一个时空转移器，在可能与不可能的情况下把一切都留住。还记得去年初出生的小姨甥吗？他的满月姜醋蛋是上个星期才从冰箱里"发掘"出来的。当然还有不知今夕是何夕的一又二分之一个白莲蓉月饼，从台北专程带回来其实铜锣湾有售的海苔肉松——松脆干爽怎样努力去吃也总还有大半瓶，还有来自旧金山市唐人街的 XO 辣椒酱，来自伦敦的越变坏越好吃的蓝芝士……如无意外，大家都会在电冰箱内耽待三五七载，回忆总是冰冻的，你我却又相信在这里一切都能保存鲜活——

我没有打算在家里电冰箱内设立精子银行，我跟她闹笑着说，也没有打算有天归去还勉强把自己冰冻起来等它千百年再复活一条好汉。她却联想到那些连环杀手碎尸凶案，难怪拉开电冰箱的厚重大门也的确需要一些力气和勇气。我好奇，每每到人家家里除了看人家书柜里摆放存藏什么书，也恃熟卖熟地打开人家的电冰箱，"进一步"了解朋友的起居饮食：吃什么喝什么当然可以看出一个人的行为喜好，怎样处理膳后剩余饭菜，怎样在有限空间安排归放面前琐碎，更叫人清晰"当事人"的能力、心情、性格……对我来说，掌相太难学，打开电冰箱倒是件容易的事。

Ariston Merloni

她还记得在杂志里读过八卦小道又一章，谁谁谁某某某的电冰箱里有什么：名摄影师布鲁斯·韦伯（Bruce Weber）的电冰箱里当然有齐备专业菲林准备随时出动；时装大姐大川久保玲一向简约，电冰箱里只放两种矿泉水还有半瓶清酒；花哨的约翰·加里亚诺（John Galliano）在电冰箱里放的全是冰冻 T 恤，且好好分门别类放在密封保鲜袋内，求的是穿上身的一时凉快；至于海尔姆特·朗（Helmut Lang）的电冰箱内为什么只放猫粮，那就有点匪夷所思——

早晨起来，她忽然听到在厨房那边的我惊呼狂叫，原来在打开电冰箱拿牛奶拿鸡蛋拿芝士的当儿，我发现了冰冻的手机。

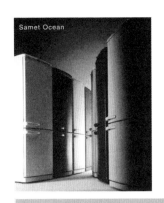
Samet Ocean

流线延续——波菲全铝打

她做了一个噩梦。

本来是兴高采烈地去做果冻，简单不过地烧开了水放下那些或红或绿的配好分量调好色的粉末，溶化了待凉了就放进小杯放进电冰箱……半天过去打开冰箱，杯里面的果冻还是水汪汪不成形，一天过去三天过去，一星期一个月一年过去，水还是水，成不了果冻。她等得都发疯了，疯了就醒来了。

我随手递上现成的一盒果冻，荔枝味道，还配有小粒椰果，再一盒，一大杯果冻中尽是柚子肉。听说系列中还有其他八种鲜果真人表演，省得劳师动众自作业。她吃得痛快，却还是惦记着自制果冻、大菜糕、芒果布丁的清凉冰冻好时光，虽然那都是十年八载以前的悠闲往事。

还记得家里的古老大冰箱吗？我问。当然她忘不了的是那需要用尽九牛二虎之力才拉得开的冰箱大门。微微鼓胀作流线状，最普通不过的家电设施却又配上一个最科技最速度感的外壳，连门面上的注册商标以及品牌字体也异常讲究。二十世纪三四十年代的设计大师如雷蒙德·洛威（Raymond Loewy）、哈罗德·范·多伦（Harold van Doren）等人皆以设计家用和商用的电冰箱为傲（经典莫如可口可乐的贩售冰柜！）。时至今日，意大利厨具厂商波菲（Boffi）也进占冰冻地盘，推出惊为天人的全铝金属壳电冰箱，银光凌厉，大门未开已经齐齐进入清凉世界。

Boffi

盛世小道具

从厨到厅上床

喂——我在屋的这一端听见她在那一端喊。

又是吃饭时候，星期三，晚上八点三十分，一连好几个星期，我们下了班都只愿往家里跑，好好洗个澡，慢条斯理随便找点什么弄弄，冷的热的，简单吃了就算，然后窝在沙发里，翻翻杂志看看书，然后想睡，睡前连电视新闻也懒得看，为什么，怕吵。

除非把音量调至零，否则电视上甲乙丙丁路人开口都像在吵架。你觉不觉得，我一脸认真地问她，最近走在闹市街上，格外格外的嘈吵，声浪真的是浪，人一下就没顶，没救。是因为我们抵抗力衰退？是我们心烦气躁没法大隐于市？又或是声音污染连同空气污染已经到了一个不能容忍的地步？我们为这个都市的文明进步付出了代价，换回来的却是野蛮和退步。——你说到哪里去了，她瞪着牢骚正盛的我，好了好了，吃饭了。

正在生气，当然影响胃口，我怎样也没法在小小餐桌面前坐下来，站也不是，躺也不是。她拿我没法，只好放我一马，算了算了，请你放松心情干点别的，我一个人慢慢吃，不打紧，转头你自己饿了再把饭菜热来吃。

Marc Newson

CK Home

她觉得自己今晚脾气超级好、异常乖巧，谁叫自己碰上的是这样情绪化的一个男人。

我当然就去继续翻新买的建筑设计杂志，肆意偷窥一下那些梦想空间。分明知道营役在这块土地上有太多限制太多荒谬，也只能聊胜于无地翻掀一下别人的现实别人的梦。更随手拿起ECM守门大将让·加巴瑞克（Jan Garbarek）的新作《仪式》（*Rites*）放进唱机，高音萨克斯风自顾自昂扬，飘忽人间世外。杂志和音乐也就是我的药，幸好我们都这样敏感这样习惯想象。

逃出去的人其实也会肚饿，在屋的一角我站站坐坐半点钟，她这端早已吃完饭在沏茶。我开始打算去把饭菜热好端过来，坐到沙发那边吃，正想麻烦她给我一个托盘把碗碟盛好。

好，有什么吩咐随便说。她乐得放下女性主义者身段，反正没有人天天愿意政治正确，时时刻刻在战场。——我们上回几经辛苦挑好的那个木托盘，好像放在这里——

如果这就是生活，我们是绝对乐意这样细眉细眼地、不必惊天动地去挑选一些生活小道具。说来也难以置信，两人就是为了找一个没有什么雕饰花纹的干干净净的深木色托盘，竟然走遍大街小巷，甚至一度愿意付出不成比例的价钱去买一个看得上眼而且质料看来还可以的。几经折腾，最后

在菜市场一角的杂货店找到一个便宜的，方方正正大约六十厘米乘六十厘米，黑实颜色，不轻不重，刚是一人份的承载。我们各买一个，打算在家吃飞机餐。

我把匆匆热好的饭菜都盛到一个大碗里，放在托盘上端过去沙发那边，窝进去边吃边在想，我们纵使常常豪气地说要干这干那，但一天下来晚了累了，也只能好好管住面前这么一小盘一小方领地，眼前不晓得是胜势还是劣势，反正日子一日一日过，……想着想着，吃饱了。

启示录

想象不仅是不愉快事情的代替，更是一种真实的预演。世上所有做过的行为都开始于想象。

——巴巴拉·哈里森

唯有傻子才把希望寄托于不可知的天堂，聪明人却懂得把握现世生活。傻子追求未来天堂，聪明人却接受现世不完美的人生。

——林语堂

端正生活

我其实有点抗拒那些被传媒捧得天高的时装显赫大名，P 字头，G 字头，还有 GADKCK，接下来是 D&G，其实都好，各领风骚，但是一被炒炒炒热起来，就叫少动脑筋的大部分人都昏掉了头盲了目。我为了不同流，只好敬而远之。

她倒是心平气和，抱一个持平态度，几年下来也往往能在几季衣装里整理出一个大概脉络，看看谁的确是领导潮流，谁是浪得虚名混饭吃。尤其近年打着简约旗号的一众，高手低手也真的要眼利一点才能分辨。在商言商大家都不愧是高手，一个小动作背后也有一整套市场策略，就像卡尔文·克雷恩（Calvin Klein）打着 CK Home 的旗号，推出相关的一系列家居日用品，也完全与他近来致力建立的简约形象相配合。还记得看过他与分居妻子的海边度假屋，棕黑色木头房子刷一墙的白，然后是纽约旗舰店找来简约教父约翰·波森设计的空空店堂，里头特辟一角陈置一系列日本和亚洲其他地区制作的家居道具，就如面前一丝不苟执着碗碟的小托盘……CK 出品你爱就爱，不要因 CK 之名。

CK Home

赤裸相对 在浴室里找到自己

老婆——

她在客厅里听到我在浴室中扯开喉咙大喊，完全收到。有时她会抱怨我的妈妈或者老用人，这个小少爷年少时候一定呼风唤雨，衣来伸手饭来张口。依赖是个轻轻暖暖的枕，拥着到处去——也不晓得我的几年大学宿舍生活是怎么过的，一定很苦，又或者，我的同房一定很苦。

老婆老婆随口喊，虽然这并不是她的法律地位法定身份，身边最亲，大声一喊，新的浴皂、新的洗头水、干的浴巾浴袍内衣裤马上送到。一进浴室就像三岁小孩，我从来没有，大概也不打算先准备一切所需，反正先把身子弄湿了，一切有所依赖有人照顾。

这么多年来，我赤裸裸一边擦干身体一边跟她说，有没有留意记住我们换过多少种浴皂、洗头水、护发素，还有那些洁面液、磨砂膏，擦身的种种天然非天然纤维刷子。浴室就像实验室，我们把我们的身体发肤无条件无保留地交出来做实验。对对对，她有好气没好气地说，你是标本，我是负责打点一切的实验室管理员。

实在也是，她在想，多少个晚上拖着疲乏身躯回家，多么想就此一头栽进床里枕里，就此呼呼睡去，但还是恋恋惦着浴皂的某种香气、洗发精泡沫的某种质感，仿佛这是自己身体的一部分，某时某刻必定相聚。——她也清楚地知道自己对某个牌子的浴皂有戒心，因为端在手中一闻，分明就是前度男友身体散发的那种气味。他自小用这种浴皂，经年不变，给他拥在怀里也就像拥着一大块浴皂，这么努力要忘记的还是要绕个圈避避更好。

我倒是没有什么负担，反正从来在浴室里都有女人照顾，只是有一个不太好意思张扬的小秘密：也许是自小看《芝麻街》长大的原因，我发觉身为发育完成的男人一个，还是跟浮水塑胶黄鸭有情意结，一直大大小小地搜集，也一定要在浴室里给它们一个位置。当然已经不再开一大缸水来浮浮沉沉嬉戏，但始终觉得塑胶黄鸭就像浴室的守护神，赤裸跟自己相对，时刻提醒要有童真——

为什么我们要洗澡？我突然有此一问。简单说来，她一边想一边说，就是把行走江湖惹来的尘埃一一清理掉。可是积存在体内的毒，却不是单靠洗澡就可以解决的。我记起日本友人常常给我建议的盐浴，把天然幼细海盐一把一把往身上擦，擦出汗，擦掉脂肪，擦走疲累，可能真的要试试看。——跟你同屋同住又口角又动武，早已是满身伤口，还要向我身上撒盐？她瞪着眼问。

精装简朴

做人要有理想是没错，她喃喃地说。我在身旁。

要有理想的工作、理想的伴侣、理想的家，家里头要有理想的沙发、理想的床、理想的厨房和浴室……穷有穷的理想，我的理想是需要一点，不，不止一点钱。

波菲、克劳迪奥·西尔弗特林（Claudio Silvertrin），意大利厨浴名牌，英国简约宗师，这个形势格局，谈的是物质，追求的是风格，忘记的是价钱，连舌头也不用伸，最朴素等于最昂贵，最平实却是最疏离，资本主义机器日夜运作，疯狂之极，由尘俗起步，吹吹捧捧升了天，至高无上，不知人间何世。

二十一世纪，首要任务是要超越简约，为贫富再下一个定义找一个位置，她狠狠地说。我看得出她这回真的咬牙切齿。

一次意外

送旧迎新好借口

早晨六时十八分，我发生了意外。

出事现场是家中浴室，幸好不是电热水器爆炸、煤气炉漏气，又或者沐浴完事裸身踏上肥皂摔跤诸如此类。我一夜睡得不很好，一睁眼看看才是早上六时左右，索性就逼自己起床跑一跑步清醒清醒。洗漱的时候，镜中的自己还是那一副迷迷糊糊半睡半醒的样子，习惯性拿起电动剃须刀清理腮帮，怎知手一松，嘭然一声，剃须刀被摔落在洗手瓷盆中。我吓得完全清醒过来，一看大事不好，电动剃须刀零件四散，两颗电池弹跳飞落地上。更糟糕的是，瓷盆正中竟然出现一道裂痕。我用手指按了按，裂痕延伸更剥落了一整块。——完了，我还来不及埋怨自己的过失，转头已经见睡梦中被吵醒的她一脸愠色就在浴室门口。对不起，对不起，我只能够说。

我一向最懂得将阿 Q 精神发扬光大，最心爱的花瓶被我不小心一手拨到地上摔个稀巴烂，我也只会幽幽地说原来缘尽了。旧的不去新的不来，何况这次弄破的是

Christoph Kicherer　Pozzi-Ginori

William Garvey

Giuseppe Pasquali

浴室里我一向最看不顺眼的瓷盆。其实这个瓷盆并不是我的选择，新居入伙早就装好，淡淡的绿色说丑不算太丑，说美根本不美，本来跟她说好索性一并在装修时换掉，但手头的钱左花一点右花一点都跑光了，还是暂时容忍一下，日后再算——果然时候到了，匆匆下场。那么我们今天下班就约好走一趟卫浴店铺吧，我竟然有点兴奋地对她说，难怪她暗暗怀疑我刚才的意外不是那么意外。

一条骆克道你猜有多少个瓷盆？一边走一边看一边打趣着问她。你少烦我，她有好气没好气，我只想快一点找一个合心意而且价钱便宜的，还得赶在周末之前修理妥，好招待你那一群大学旧同学。两人走着走着果然花多眼乱，而且花基本上不美，可以肯定的是物料科技日新月异。瓷盆和水龙头种种相关功能配备无可否认是与时并进选择多多，但同时出现的是略嫌夸张的种种造型。一时怀旧复古，装饰艺术（Art Deco）的几何直线又与新艺术（Art Nouveau）的植物流线结了婚。一时太空科幻，一个个瓷盆都似随时腾飞升空的太空船探险号。有花纹图案的当然不在我们的选择范围之内，但种种粉淡颜色也都嫌太甜太轻巧，绕一个圈还是只能看那些纯白的系列，但对比之下白也有好几种白、好些变化，细致看来带黄带红带蓝都有不一样的冷暖效果，往往是看中款式又没有心爱颜色，要不就是价钱又实在太贵像买一张沙发。

几经辛苦，她终于在陈列室的一个不起眼小角落看出半拆招纸包里方方正正的一个物体。小姐，这个才卖一百五十元，旧款剩余，卖一个少一个。——给我包起来，她马上决定，果断得像买一个橙。

调色瓷盆

果然有眼光，我把这个方方正正的瓷盆抱个满怀走在路上，忍不住称赞她。

就是要找这么一些简单干净的货色，那些动辄成千上万的，高贵有余亲密不足，还是这些不修饰不造作的叫人舒服。

其实仔细看，倒也真像父亲写书法画国画用来盛水的笔洗，也是白瓷上一层透明釉，一切颜色经过流过，冲洗清理后还是好好一片白。

这么说来，换了白瓷盆，本来的黄铜色水龙头要不要换？是否换银色好一点？瓷盆变了白，坐厕什么时候也得换了，还有浴缸——浴缸不如也换走算了，淋浴也就简单得多，其实我也很讨厌那些有暗花纹的瓷砖呢。……一次清晨的意外，后果实在出乎意料。

镜在人在

自己与自己的一段情

无可否认，我爱照镜。

不用搬出什么心理学大师说法，很简单，一天到晚到处走动，我得找机会跟自己打招呼，告诉自己，好歹还活着。

她看在眼里，无可厚非，只会暗暗偷笑。我很清楚港九各大商场店铺光明正大转弯抹角哪里有镜，半身亦可全身无妨，幕墙走廊更好。走两分钟里看到四五十个自己，匆匆行色中故意绕个圈走近去抖擞精神，今天还不错。

我不算漂亮，至少不会像公元前某天水边美少年自己给自己的倒影迷住，流连忘返终于赔上性命。我懂得含蓄地哄自己，镜中人还可以，还算与别人不同，还不致神情呆滞面目无光，还有兴致去开开自己的玩笑，轻微做个鬼脸。——也不知是谁发明什么哈哈镜，出此下策挑战自我、反省人性歪曲丑陋，其实又怎会是哈哈一声可以解决问题？

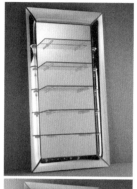

Philippe Starck

实在也试过在镜中自己给自己吓一跳。我记得少年时代有个生词叫"流浪"，某年暑假只身在北美大陆凭一张灰狗巴士票游荡三个月。一头交出计划周密行程应付老远家中紧张兮兮的父母，另一头其实随心所欲兴之所至让巴士一站一站地把自己带去不知名的乡镇，只此一回不会再见。——还记得某个深夜在车厢玻璃反照的流光中半醒半睡挨过了好几小时的颠簸，巴士缓缓驶进公路旁某个补给站。身边疏落乘客惯性支撑离座，游魂一般下车喝杯热咖啡小个便，我跟大队荡到洗手间，方便完毕顺带看看镜中人：半明不暗中面前的自己睡眼惺忪，本来散落夹杂的白发今晚格外明显，连须根也凑热闹青了一脸……这是一个不很熟悉的自己，如果这就叫沧桑，如果这就叫成长，我清楚知道从今以后旅程中每一晚镜中的自己都再不一样。

其实我也曾经把她拖拉上镜下水，而且更有相片为证。年初时候我们心血来潮，请了两个星期假要去一个叫也门的偏远地方，为的是看偶像帕索里尼经典电影《一千零一夜》取景地古城萨那（Sana），用泥板堆砌起来的鳞次栉比的楼房匪夷所思……离开萨那东去横跨大漠再

探古迹，长达八个小时的风驰电掣飞沙走石叫我们五脏六腑都移了位，高温境界中渐次忘却本来面目。终于四驱吉普驶进绿洲中由某前朝贵族宫殿改建的酒店，室内一概简陋地刷上清凉的湖水绿，勉强提起腿拾级而上进入自己房间，房中床边挂着小小一方斑驳剥落的

Mario Mazzer

镜，镜中两人长相实在滑稽古怪: 是苦？是乐？是解脱？是惊喜？空前的疲累跟极大的满足同在，百般滋味都在脸上、在镜中。我还鼓起余勇赶快拎起相机往镜中自拍，立此存照。——后来我们每回看到这张照片都笑得前仰后合，当然也认定这一辈子都会在不同的镜中一起漂流，镜在人在，人不在，其实镜还在。

看镜，看自己。公共场合镜中的自己不是私家的自己，你同时是人家眼中的你。只有回到自己小小的室内，你的卫浴室、你的衣物间、你的睡房、你的客厅，镜中的自己日积月累在装备自己。—— 一六八七年法国人贝拉尔·佩罗特（Berbard Perrot）成功研制大幅平滑玻璃成镜，大抵他也没料到因此人类才真正发现和认识自己。

启示录

人在自己身上找别人没有的东西，在别人身上找自己已有太多的东西。
　　　　　——德·却扎尔

我们每个人都是特殊个案。
　　　　　——亚伯特·加缪斯

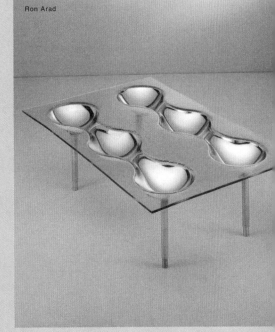

Ron Arad

换个角度看自己

我口口声声拥戴简约，"minimal"这个生词是万能钥匙，是挡箭牌，仿佛减无可减才会心安理得，最煞食。其实问心，我还留有一个暗格让自己有机会花样百出，小聪明小玩意儿无任欢迎。

其实也因为我常常留意层出不穷的当代设计，一方面顺应大潮流干净利落的格局和姿态，用的都是自然物料营造舒眼感觉，百分之二百简约；另一方面却让出位设计师继续天马行空，尽情地实验新物料新造型，挑战应用者的眼光和胆色，一心一意齐齐拥抱未来。

原籍以色列移居伦敦打响名堂的国际设计坛大哥罗恩·阿拉德（Ron Arad），自出道来皆以注册不锈钢打造出独家天下，从开始已经以"One-Off"作为设计室名字，见文生义，义无反顾一次过。面前这张不锈钢大桌光亮如镜——实也也真的可以俯身看到清晰的自己。换个角度，我还是我，她笑着说。

书柜中的男人

天天都是读书天

　　天下之大，如果要找一个藏身之所，我常常对自己说，就把我藏到书柜里好了。

　　我是标准的书迷，且常常以乱读杂看为荣。打从小学二年级越级挑战看罢厚厚三百多页人民文学出版社简体字版《格林童话全集》，我自觉快人一步高人一等，接下来竟然狂啃《水浒》《西游》《三国》，初中时代勉强看《红楼梦》，当然还有《金银岛》《基督山伯爵》《八十天环游世界》，《战争与和平》好像看了一半，罗曼·罗兰的《约翰·克里斯朵夫》还有苏俄革命大部头《钢铁是怎样炼成的》却一字不漏看完……放下文学经典，又一头栽进《十万个为什么》、《国家地理》杂志，又在图书馆里一本一本地翻《中国美术大系》《西洋名画全集》，顺便看完《怎样做糕点》、《怎样修理钟表》和《最新英文俚语》……作文课经典题目"我的志愿"常常叫我很伤脑筋，因为我实在什么都想做，什么都好奇都有兴趣，我清楚地记得有一回写下的是做一个成功的图书馆管理员。

　　我的一众好友却真的把我的家当作图书馆，层层叠叠都是另类精彩。这么多年来几近疯狂地搜购存藏，面前成千上万册的书本杂志就是我的全部财产。不是不动产却是难动产，我跟她说。每回搬家都是健身的机会，搬进这幢房子的时候创新纪录，各边大约六十厘米的立方体纸箱足足用了一百七十五箱，搬运工友看了都摇头。

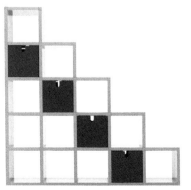

Kartell

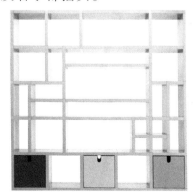

M. Laudani e M. Romanelli

　　自然而然的，怎样藏书就成了我自小以来首要解决的家居大问题，饭桌睡床绝不及书柜书架重要。我清楚地记得从前家里穷，小小的睡房挤进双层钢床，祖母和妹妹睡下格，我和弟弟头顶天花板。几经协商，我用捡来的木板自行设计拼合了我平生第一组家具作品——放在床尾的贴墙书架，间隔更配合那时的"藏书"尺寸，高矮有致。也许手工实在太烂，有回负重过量书架塌下来，幸好当时不是赖床时候，没有酿成书毁人亡大惨剧。

　　有一回我跟父亲去探视朋友，那位伯伯是南来的文化人。我在他的书房里简直呆住了，先不说那时还未懂欣赏的线条简练、手工精细的明式书桌，靠墙一整列顶到天花板的檀木书柜，柜门装嵌了玻璃，玻璃后面垂下苏杭抽纱，大大小小中国线装典籍和西洋漆皮精装静静并存，环境气氛典雅得不得了。我未问准主人悄悄把书柜开开合合，然后跟自己说，我也要有这一天——

　　也终于有了这一天。自从经历过自住小房间时代买来杂木书架不到半月已经弯腰半塌的场面，我决定从此书架书柜一定要定制，因为可以保证足够的稳厚。我跟木工师傅研究柜内层架是否应该可以活动调校，以方便放进大小不同书籍，师傅的经验告诉我却是不必，因为一旦把书上架后就很少再调动（书实在重，实在叫人累！），索性预先量度好可能的几种间隔尺寸也就行了。

　　也许真的是中了简约的毒，我已经由外露的书架日子转入内藏的书柜时代。我爱书，但绝不希望看到一室的主要壁面都堆满七色八彩高矮肥瘦，所以定制的都是有门的书柜，且不透明，眼不见为净，也叫藏书跟"尘世"隔点距离，不用一边翻书一边吃尘吸尘。

R. Volonterio e C. Benedetti

当然书藏在柜里也要注意通风抽湿的问题，樟脑和防潮珠自不可少，有回朋友更捎来有林木气息的干果香囊，一手制造自家的书香。

Titti Fabiani

管它是不是风雅，我反正享受乱看书的快乐。我可以丢下她在房子一角，自顾自花上大半天去搬上搬下排列整理我的珍藏，我可以滔滔不绝地跟你畅谈我近年致力搜集的地图集、游记文学和食经食谱，身心投入，义无反顾。她只得告诉自己，书柜里的男人，即使不是好男人，也该不是坏男人吧。

不如无书——埃托·索特萨斯永远年轻

虽然善忘，但总还记得有过风起云涌的二十世纪八十年代，叫我更印象深刻也还多少有点尴尬的，是那个时候喜欢把一个似是而非的新鲜名词挂在口边，开口闭口"后现代"。

就留给学究们去继续研讨吧，怎样前怎样后一旦"结合"了大众生产消费模式，完全就变成了广告促销术语。——一个有后现代精神的茶壶可不可以在三分钟内烧开一壶水？一幢有后现代风格的房子可否容得下一家十八口五代同堂？搞设计理论的各门各派，也喜欢将眼前人事分类，把设计师强拉下水，时尚如乌云盖顶，潮流会淹死买卖的一众。

事过境迁，回头看也真的可笑。就像我一向心仪的意大利设计老将埃托·索特萨斯（Ettore Sottsass），其实他打从六十年代起就已经超前一步，管它什么前后什么代，为奥利维蒂（Olivetti）设计出经典打字机系列（久违了！打字机！？！）。一九八一年创立的前卫设计组织孟菲斯（Memphis）马上就被好事的封作后现代大本营，也许埃托·索特萨斯老先生本人也懒得争辩，反正从来天马行空信自己。当年大出风头的是设计的一"幢"七色八彩的书架，活脱脱的图腾，要进知识宝库先得再三膜拜。面对这将近三米的高大书架，我自是

兴奋激动，无论如何书架还是实用的，但多心的我又觉此时此刻不如无书，已够厉害。埃托·索特萨斯生于山区，直言自己的设计重视重量感，如山如石。他也自小对希腊罗马的考古学有浓烈兴趣，设计意念往往来自远古先人启示，转化成当今日用形态，也可以叫人再三思索……我因而知道不必把堂皇的什么设计什么艺术的名词朗朗上口，作品可以出入生活，可以叫人感动，就是好。

Ettore Sottsass

档案情意结 分众分类私家检阅

Muji

　　我说生命像一盒巧克力，她说生活像一本杂志。生命也好，生活也好，我跟她说，像一个收拾不完的档案柜，更多时候，是一份难于归类然后放错地方的档案。

　　A是A，B是B，但有些时候A可以是G，M1跟M2关系其实不大，甲和丙混在一起没有什么不对。有一天ABC跟甲乙丙丁一起来，不分先后，无所谓轻重，你得接受，还要告诉自己，分众分类，作为主持人首先得十分清醒。

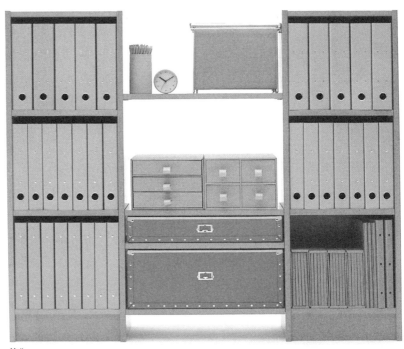

Muji

Bisley

档案柜是人类数千年十大发明之一，我跟她说。一如椅子一如床，没有了不会死，坐在地上睡在地上，一堆于你贵重于我无关的文件、剪报、手稿其实都可以放在地上，问题是我们似乎懂得一样东西叫工作效率，又糊糊涂涂地觉得需要制度规矩，如此这般就开始了极主观极不民主的贴签归类游戏。

好些时候，她会半坐半躺窝在沙发里，看着没有一刻真正停下来的我。回到家，你大抵比在办公室里更积极进取更有野心，她突然说。那一头正忙着的我不晓得有没有听进去。我每天的指定动作，把当天的报纸匆匆翻阅，随手撕下留起觉得有用的——食谱、旅游贴士、潮流情报、电脑网络新知、花边新闻、副刊小品、政经时事，……究竟有什么没有用的，我不知道。对，可以肯定会丢掉的是娱乐新闻和马经。然后转头去翻杂志，我发觉所谓周刊、月刊、季刊的说法是荒谬的，爱杂志如我，原来每天都可以买到三本以上的新鲜热辣厚厚杂志，我已经素有训练翻一页撕一页（真正看进去消化吸收是将来的事）。干掉一本，面前就有十来堆大致分类的资料，当然也笼统的是时装、音乐、旅游、饮食、人物、电影、玩具、艺术、建筑、设计、性（和爱）……歇一歇喝杯水，好戏上场——

我的档案柜是典型的办公室文件钢柜，淡灰绿金属色，不冷不暖的办公室心情。老实说我也不清楚自己究竟是为目前过瘾还是为未来着想，反正觉得唯一可以安顿自己的贪心的方法，就是竭尽所能把四方八面铺天盖

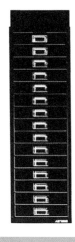

地涌进来的资讯分类处理储存，我也清楚知道这是一发不可收、万劫不复的终极追逐，明天后天半年十年后会不会再拉开档案柜翻看是一个未知，一个永远的吊诡。即使今时今日有了电脑存档，有了网络查阅，恋恋放不下的还是那些厚厚牛皮卡纸各色档案夹，那些老老实实百年不变的钢柜结构，不知哪里来的那一道劲把抽屉滑拉出来——面前是资料知识，是契约协定，是规章制度，有条不紊同时错综复杂。深呼吸，没完没了。

启示录

除非你能够发现为什么平凡事物可以比贵重物件漂亮，否则你永远找不到风格。
——安德莉·普特曼

没有退路反而心思清明。
——亨利·基辛格

Z File

她从不去碰我辛苦经营的档案柜。

首先，她觉得这个先天混乱的男人不可能编出一个合理的有效的存档归类方法，省得纠正我、跟我吵的方法就是让我自作主张，建构一个属于我自己的纵横网络，自己知自己事，省时间。

再者就是所谓隐私，也许档案柜就是我的秘密花园，花花草草各有所属，无谓牵起蛛丝马迹追踪彻查，无谓凭空顾忌猜疑，一些事一些情，由于我有存档归类，记性差的我说不定三天半日就忘掉了，少来生气。

至于忽然兴起想到一些什么，诸如亚历山大·麦昆（Alexander McQueen）一九八八年秋季女装八袭长裙分别是什么裁剪什么颜色，她拉开嗓门一问，我不慌不忙走过去拉开档案柜，OK，给我十秒钟。

在家千日好？

SOHO 纪律部队大检阅

曾几何时，晋身 SOHO（全称 Small Office / Home Office，意为小型办公/家庭办公）一族是我们的理想目标。

SOHO 是未来办公室大趋势，某某专家据理预测如是说。的确也一呼百应，我们身边的一众友人，不管是从事美术设计的、文字创作音乐创作的，以至电脑程式编写、会计出入口贸易等专业的，都坐言起行摇身一变，从大机构的中层高层自行解体开来，自己的自己做，足不出户能做天下，下定决心之际当然对 SOHO 状态一致唱好：自把自为不必再层层叠叠仰人鼻息，不必再在愈见浑浊的办公室中为政治斗争磨心，不必再斤斤计较披一身战衣（原来大家都爱街坊牛记笠记），不必再早午晚三餐吃不同餐厅酒楼的味精和可大可小生物微生物；不用再急急急忍忍忍日久弄出便秘以及失禁，不用再目睹窗外大好晴天而在隔一块厚玻璃的室内挨有如殓房冷气轰轰的冻，中央冷气也就等于中央感冒循环不息（不适！）系统；再继续唱好的，当然把节约资源能源、平衡生态、尊重人权、热爱民主自由等大小道理也搬出来舞弄。总结一字曰"爽"，只要爽，就成事。

当然这一年半载的低迷市道，叫本来蠢蠢欲动试变身 SOHO 一族的我们三思而后不行，起码现在不行。力保饭碗不失已经要加倍辛劳，真的没有勇气和胆量再去为自己打造另外一只饭碗。唉！我若有所失地对她说。

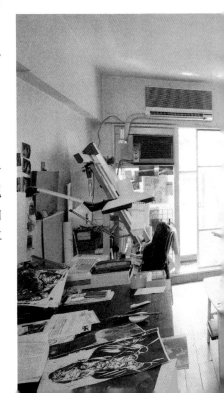

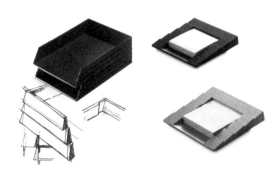

Rexite

本来变变变是我们的性格，可是时势迫人，举步维艰，退一步也不觉风平浪静，又何来进一步？少安毋躁，她只能对我这样说。其实即使未能马上SOHO运作，也可当成是模拟试验期的一个延伸吧。先有硬件，软件日久配合。其实我们在新居入伙时，已经把转型成为SOHO族的可能计算在内，所以开放式的间隔设计是基本第一步。保证埋头工作之余稍事休息转头也有一个较大空间舒展舒展，总不能挤在一个六七平方米的小房间里好可怜。家里的一切家具也趋向功能化：大量的储藏空间以便存放办公文件、参考资料甚至货物（！），储物空间也都有掩门或者荡门，眼不见混乱为干净。办公室惯用的悬挂或文件夹文件柜当然也是必需的。工作的桌面也得格外宽阔，我们就聪明地把一列窗台延伸成向街的工作台，且把电脑、打印机、传真机、电话等一一都安放有序（当然要加厚某层窗帘以免阳光直射有损机械）。既然早有预谋如此，一切电源插座也安排妥当，足够的照明设备也很重要，虽然工作台靠近窗，日间大量利用自然光，但晚间有多于一个光源的人工照明互为补足也很重要：一为传统台灯，另一是可调节光线直射墙壁再折射回来的地灯，光明磊落也是基本需要。

当然家居办公不可忽视的还是那张办公椅，当中自有天大学问可得另行讨论。——唯是全情投入之后，这张椅子可以坐多久？会不会贪一时新鲜未经周详考虑就自立门户，换来个潦倒收场？又或者未守好纪律疏于自行管教，日六七餐体积倍增

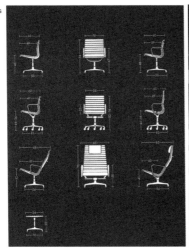

Rexite

以至不胜负荷不能出户……在家千日好？冷暖自知！有朝一日，我依然会兴致勃勃地对她说，我还是要 SOHO SOHO，然后趁大伙儿在办公室里忙得死去活来之际，翩然而至，问一句：大家很忙吗？

启示录

一个人先坐下来，然后才思想。

——尚·抒提

成功是公共事务，失败是私人丧礼。

——罗思琳·罗素

第一把交椅

可是一不留神误听好品位友人的花言巧语，心思迷迷糊糊闯进了海旁某大厦高层的陈列室。我们知道来对了，也来错了，因为面前的办公椅是理想中的终极优良版本，先不要跟我说是某某大师的设计，只因为它的铝架外形结构、靠背弧度倾斜度、扶手的高度、纯黑真皮靠背颜色与铝架银灰调子的配合……不多不少，要的都有，不要的都没有，我望着她傻傻地笑，原来梦会成真，请你过去问问价钱——

果然价值不菲，左折右扣之后仍然要八千八。我们四目相投咬咬牙就这样决定，从此各自坐同一款式办公椅，拼命努力工作保证物超所值。

娓娓道来这张舒服椅子原来大有来头。二十世纪四五十年代美国社会经济民生急速成长发展当中，自有这么一票人热情拥抱面前的新鲜和美好，设计师查尔斯·伊姆斯和他的太太蕾·伊姆斯，也正是其时典型人才。

作为史上首个在纽约现代艺术馆 MoMA 做个人展览的设计师，伊姆斯夫妇以胶合皮和钢管的家具设计赢得行内外赞叹，之后更从未停步钻研新科技新结构造型。面前的办公室座椅完成于一九五八年，是名为 Aluminium Group 系列作品中最受欢迎的，想不到四十年后依然流丽趋时。我们从此明白，为什么伊姆斯夫妇历久稳坐第一把交椅。

Ray & Charles Eames

垂帘学问黑白讲

帘卷东西风

当一切剧情和对白都悄悄地从记忆中溜走，当那一句不如我们从头开始已变成日间的呢喃、夜晚的咒语，许多许多年之后，我相信还会记得电影中那一所公寓那几幕，窗前的那一幅纯白垂帘，在午后的风中轻微摆动，在黄昏散乱的光影中变得斑斑驳驳，在暴风雨的日子自顾自狂滚翻动，以柔弱身躯出演激烈故事。——人家看戏眼瞪瞪都是明星的身段姿势，我却总爱一看再看众角色身处的室内室外环境，看女主角用什么玻璃杯喝水、用什么瓷器喝茶，看男主角馋嘴偷欢胡混的是怎样的一张床，看厨房里的烹调器皿、卫浴室里的肥皂和浮水塑胶红嘴黄鸭，当然还有门和窗，以及比窗更富戏剧性的各式垂帘。

凶手看来就躲在暗红绣花天鹅绒的帘幕之后，猛地拉开，发觉原来是用旧皮鞋玩的老套把戏。情到浓时伸手在抽屉寻觅备战安全工具之际，又一手去拉那一根打了千千结的窗帘绳，否则窗前纤毫毕现坦荡荡给全个屋村老幼都看得一清二楚。窗帘层层叠叠，身份本就够重：

可以是隔开室外直射阳光的保护层；可以是免得与隔壁邻居你眼望我眼的防卫障；也可以把丑陋的窗门窗框窗花饰盖起来，眼不见为净；也可以自成厉害装饰。贵重的布料本身已经在不停地说故事，更何况有千百年发展起来的种种垂帘方式结构守则，有内外分轻重，垂帘不用听政却还有很多学问。

她还记得小时候的家务苦差，一年一度要把百叶帘细长的叶片上堆积的城市灰尘给清理掉，这么多年来她也弄不清楚究竟是应该先用干布把尘抹走再用蘸满碱水的湿布把污渍除掉，还是把程序倒换。反正怎样抹也还是黏黏稠稠的，最后只是象征式地用力擦拭，让百叶帘啪啪作响然后完事，所以她发誓如果有天自行选择，那种塑料（？）金属（？）的百叶帘一定不入选。果然也在这十数年间，窗帘的质材款式选择倒也越来越多，除了传统的各种织物帷帐从所有法式意式英式美式古老大宅走出潜进寻常百姓家，堆砌出堂皇华美之余，更有各种防晒的反光的塑料纤维，做成大幅无缝的垂帘，冠以"贵族帘"之名，又或者流行的独幅卷帘实在很重，纯粹垂下当作装饰不动还可以，拉上拉下可会很快报销。

还有的就是风格味道完全不同的完全不俗的竹帘，一度风行的七彩珠帘（且有图案有画！！），花多眼乱，层出不穷，知得越多，想要的竟然越简单——一幅混了少许棉的漂白了的麻布，长长由天花框架垂下，下摆留些许盖住地板，即使拉合了也让阳光柔柔通透一室，有风的话窗帘微微活动，一切浓烈斑斓通通靠边站，理想室内如此而已。我走近半拉开的窗帘，拥着她说。

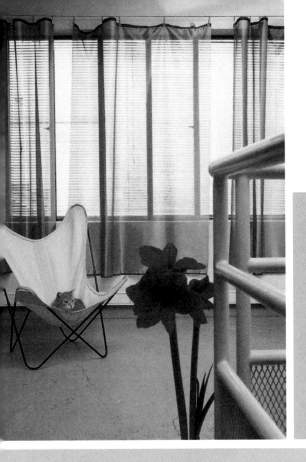

启示录

　　我最喜欢那些不很在意的颜色，生活本就多姿多彩，姿彩来自你的朋友，来自鲜花，来自种种物件，所以你根本不需要在室内装潢的时候放进太多颜色。

——安德莉·普特曼

　　我绝对相信干净、简单的物件远胜复杂刺眼的东西。好的设计当中你会发现忠诚、统一、简洁以及勇气。

——特伦斯·康兰

爱德华·霍普的窗内风景

　　《梦是唯一的现实》，我看罢费里尼的自传，越发爱上这个咒语一般的精彩书名。我也实在有很多很多梦境里的街头巷尾室内室外，在某个"活生生"的下午忽然一回头，就出现在眼前。当然我知道，要追问究竟孰先孰后，也是一件不太可能不太有意义的事，我也绝对乐意把梦境与现实交织重叠，反正这个游戏不该有规则，不必逻辑分明。

　　翻开美国画坛殿堂级人物爱德华·霍普（Edward Hopper）的画册，山水、街道、楼房、窗内、床上，以至那些一贯一脸茫然的个人和群体，竟然都是如此熟悉，是经过见过还是梦过到过，叫我惊讶不已。她却特别留意爱德华·霍普画中的高大结实的楼房，一室往往空荡荡，敞开的大窗透进大量阳光，似乎要把室内人心中的身上的一切阴暗都照得清清楚楚；当然还有窗帘，无论是半张卷帘、飞扬的窗纱、懒懒垂下的挂帘，似乎是室内与室外、有与无之间的屏障、间隔、关系……

　　当然芸芸爱德华·霍普画作当中最经典的是一九四二年的一幅《夜鹰》（Nighthawks），午夜街头餐馆当中几个客，孤独与孤独对话，难怪维姆·文德斯（Wim Wenders）新戏《终结暴力》（The End of Violence）也摆明车马搬一场大景。我们捧着画册慢慢看，不觉窗外天色已变，光影流转，十足霍普风景。

Edward Hopper

幻之光 我对灯火说

要说光，还得从暗谈起——

她自小有这样一个习惯，端起不论什么书细细读，就顾不得周围的环境光线。我刚认识她的那些日子，每次总是一脸惊讶地发现她在暗暗的室内，没灯没火还是读得津津有味。我很不服气，架着自己的厚厚眼镜鼻尖贴着鼻尖地看她。面前一双细眼精明亮丽，什么远视近视散光都似乎跟她无关，她轻松地说家族遗传一向优良，就继续在暗暗室内享受。

当然我也渐渐学懂暗之神奇暗之伟大，尤其是黄昏将至，室外转折投射到室内的阳光的明度亮度尽皆调低，室内的种种昏热慢慢退去，然后暗开始出场开始主宰，直至夜色如水渗入室内每一个空间角落。难怪有人把这个光暗交接的经过唤作神奇时刻。——其实无论室内室外，如果可以偷这么一刻去享受这个暗的愉快安排，还需要光吗？

她的答案大抵是不必了，我却依然恋恋那暗中突然绽开的一点光一盏灯。其实我也以刁钻驰名，不好一室通明，尤忌赤裸裸冷冷光管，最怕天花乱坠镀金镀银水晶吊灯。当然也深知灯光调度是建筑和室内设计过程中的大学问，加上照明科技日新月异，一般外人并不全然了解掌握得到，所以我也就从小小光源留意起，关心的首先是台灯和床头灯。

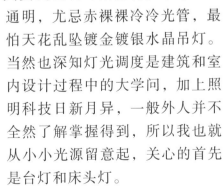

Oluce

还记得什么时候开始拥有自家的书桌吗？我问她。我倒是先

Archimoon

买了属于自己的台灯，是当年流行的湖水蓝塑胶灯壳灯座，开关还好像是一只小动物，使用时把头扳来扳去，好残忍。然后我有的是钢壳伸缩弹簧臂的台灯，她抢着说，可是被我扭来扭去，不到三个月就垂头丧气，几经调节还是忽然失控自行坠落终于报销。之后赶上高科技（Hi-Tech）风潮，台头的灯——都像某些可以与外太空怪物厮杀的激光武器，机关重重，左闪右避。好不容易等到这一批科技英雄光荣引退，新一代的台灯设计竟都是重新转向简单明快，灯壳灯座都不故作雕饰，只是灯胆的品质和型号却不断在变化改善。开关轻轻一按，面前还是那一抹晕黄。其实这也就足够，她幽幽地说。

当然小至面前一盏台灯，运用的变化还是值得重视的：一般人就简单地采用直接投射方式，照亮面前工作的位置，但也可以采用反射仰照的方法，把光源投射至墙壁甚至天花板，利用反射的光线照明室内。我还记得那些靠一盏台头小灯通宵夜读应考的日子，一切远大理想光明前程就在这不足一立方米的光团里，可是专业灯光设计师自然会提醒大家留意采用卤素灯胆的光度和温度，恐怕光度太集中的光线会不知不觉损坏眼睛，过量的温度也会有损家具表面。

日出而作，日入而息，终于要休息的时候，

Nogushi

我们还往往挣扎着在床上看几页书才得安心。曾经有一段日子，我们共用一盏床头灯，不需细表也可以想象由此引发的种种矛盾和冲突，如今当然人人有其份，但大家都坚持挑自己喜好的。我挑的是一盏类似画廊照明用的座台壁灯，她挑的是简单不过有口皆碑的 Constanzina，誓死不做示范单位式的左右床头一模一样，难得各自各都发光发亮。

心头一盏灯——Constanzina

对，是基斯洛夫斯基的《红》。

那部我们都深深喜欢，那部探讨时机倒错、追寻博爱的电影。女主角瓦伦丁（Valentine）闯进那个整天偷听别人电话的法官的邋遢不堪的家中，镜头交替剪接，我一眼就看到电话机旁亮着的一盏灯。噢！Constanzina。

说来凑巧，差不多同一时候看的法国电影老将让-吕克·戈达尔的百年电影／私家回顾，戈达尔在小小书房里自言自语，台头不放别的，也是 Constanzina。

就当是凑巧吧，我们从来都没有怀疑意大利灯饰厂商 Luceplan 旗下的各种灯具组合，旧款式新设计一概都投百分百信任票。这款由保罗·瑞扎托（Paolo Rizzatto）设计的轻巧简约至极的灯，一九八六年推出唤作 Constanza 的坐地灯和吊灯版本，好评如潮。六年后再推出更小巧、价钱更大众化的台灯和壁灯版本，加了尾巴唤作 Constanzina，铝质灯柱灯座加上一触一移就光亮的开关，围着灯泡的灯罩是简单不过的不透明薄胶片，自行装嵌方便容易。聪明生意人自然大批进口到港成坊间识货者心头好，我们却乘公干之便在米兰 Cappellini 的店堂半价买了好几盏，包装妥帖离奇轻便。

下一部电影里再有 Constanzina 出现，该不会是港产的警匪片的审犯场面吧？她悄悄问我。

Luceplan

落地生辉

室内光之矛盾

下班回家，推开门面前一片漆黑，第一件事，开灯。

开的该是哪一盏灯？看来如此小事，原来我们也有过一场辩论。她本来打算在进门处小柜台放一盏台灯，甚至已经挑好日裔雕塑家野口勇一系列和纸灯笼中的一盏座台版本，小巧别致。可是灯的开关是悬在灯笼下的一条线，要摸黑去抓准那条线，太用力又会拉倒本身轻巧得可以的灯笼，对经常捧着大包小包回家的我们，一入门要有如此复杂动作未免有点难度。我也想过在门楣上安放一盏射灯，进门后一按头顶发亮，但她一向对投射式的顶灯有保留，总觉得太办公室、太商场食肆，而且太戏剧化。不知怎的，十数年来大多数家庭都流行起天花轨道式射灯，一按亮起一排四五盏，本来有可以灵活调校投射光束的方便，日久了也因为懒，只是惯性而生硬地照明室内某些既定活动位置。想来想去，我们最想亮起的是厅中央一盏落地灯，想象亮了灯勾勒出室内大小轮廓，而且应早点计划好跟装修师傅好好商量，在铺设电线的时候预先做好安排，不用摸黑跑到厅里头左拉右按，开关已经安放在进门处的墙壁上，方便妥当，一按即亮。

Carlo Cumini

Jonathan Lovekin

　　亮了灯，这个就是家。纵使这个进门指定动作日夕重复，但每回灯一亮起，我的心头还是有那么一点暖意。虽然努力地跟自己说也跟她再三强调，我要的不是（也不只是）一个所谓温暖舒适的家，我不要被眼前这些精挑细选的家具陈设安稳束缚住，我的理想中的"家"是一个开放的空间（一个抽象的概念），希望这个家可以收放自如，可以带着上路。我知道自己心野，知道在很远很远的某处还有一些什么在等着我去经历去尝试。四海为家说来老套，但也实在是一个依然吸引人的挑逗。为了这个可以流动的"家"，我知道自己可以牺牲面前拥有的，拿得起放得低毕竟是个很大的挑战和考验。然而我也突然发觉，家里面亮起的一盏灯，竟然也有巨大的"杀伤力"，昏黄光晕中它把你留住罩住，家之安逸家之甜美都无时无刻不在灯光中渗透。尤其是落地座灯，永远以灯具中的大哥姿态骄傲挺拔地出现，很多设计巧妙妥当的地灯，灯未亮时已经是高挑的现代雕塑，灯亮了更是室内的聚光注目点，一切活动团团围绕开展。从爱迪生历经多次实验发明电灯照明开始，加诸灯光的象征意义更形厉害：安全、安定、可靠、繁荣、兴盛……回到家里，灯火通明，落地然后生根，你还有没有四出闯荡的机会以及能力？你还想不想离开这个家？

　　我也没料到自己会因为一盏落地灯而陷入这样的矛盾，迷思当中不禁也问自己是否想得太多太极端。身旁的她当然理解这个小孩／男人的种种冲动奇想，也总觉得越是有矛盾越是有能量的人才会继续挣扎进步。她笑着对我说，如果一盏落地灯已经叫你想得这么多，我们就赶快再走去多买一盏，说不定光光相竞，问题自然解决。我没好气地瞪了她一眼。嘿嘿！你可得小心——随手把灯关掉。

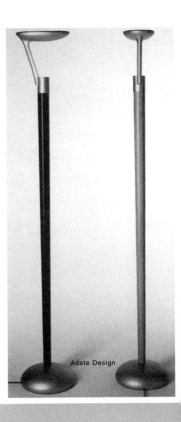

Adate Design

启示录

　　一般人对什么深层意义不怎样深究……我对自己设计的东西背后有什么哲学也不感兴趣……

　　　　　　　　　　　　　　　　　　——迈克尔·杨

有光就有影——

　　　　　　　　　　　　　　　　　　——意大利格言

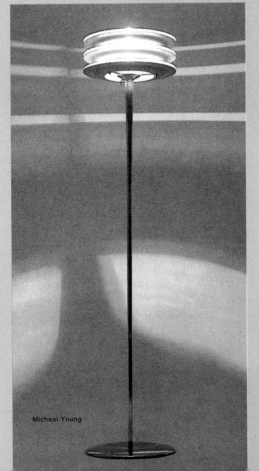

Micheal Young

从来心不老（young at heart）

　　你想得太多了，他在电话的那一端对我说。

　　也许是，动不动就严肃大道理，自以为把问题深化却忘了始终是一场游戏。亮了灯，随光而去，走动走动，你家是我家。我回应他说：我喜欢你的姓，"young"，一世年轻，不错。

　　他的生意也着实不错，名声也不坏，一众设计杂志更把他捧为明日之星。我倒没有刻意传递什么设计讯息，迈克尔·杨（Micheal Young）说，这你是清楚的，我只爱玩。

　　这我早知道，这个中学老同学，真的以爱玩懒做出名，后来不知怎的跑到金斯顿理工念家具设计。以为他也是玩一阵子就不玩，怎知却玩出个兴趣玩出个名堂：我希望人家把我设计的家具买回家，我不要人走过来分析我的设计，说受什么什么流派影响，然后把我连人带物放进设计博物馆——

　　这两三年自立门户，生产自己的沙发单椅茶几，芸芸新秀中偏是他突围而出，也就是因为他没有刻意去继承什么传统说什么道理，轻松买卖，大家都快乐。什么时候到伦敦来探探我，他跟我说，我刚设计生产了一款落地灯，老同学一场，给你打七折。

幽浮世外

带我去吧，灯光

翻译这回事，可以是绝美妙事。

翻陈年旧账，Coca-Cola 是可口可乐，scone 是司空饼。近的随手拈起，在港台，Bjork 是碧玉，call in 是叩应，UFO 是幽浮……精彩的要用普通话来念，念出韵味念出趣味，绘形绘声绘景，幽幽有不知名状怪物，从不知什么地方浮来，也不知浮往哪儿去。

她爱做白日梦，问题是最近实在太忙，连做梦的时间也自打折扣。忙与忙之间抬头望的，就是面前的台灯，再望远一点，就是从天花板悬下来的吊灯，别过头去，一眼看到的是落地灯。倒真的是没有仔细点算过，原来家里面大大小小各就其位的灯，凑数起来竟有十五盏之多。但再仔细一看，竟然又再看出一个连自己也不以为意却一直喜好坚持的细节，原来无论台灯、落地灯、壁灯、吊灯，都挑了直坑纹样式的灯罩，无论是玻璃的、耐热塑胶的、金属的、布料的，甚至混合材料的，似乎认定有纹有路才算得上是灯罩。当然，给她的千万要是净色。

花花世界固然吸引人，但说到个人真感受，还是一静不如一动。大花大朵的留给退休之后再打理，现在还是

Teodolinda　Huna

Lampara　Muffin

干净利落一点好。别说我不提醒你，我突然插嘴说，这些坑纹也得好好清洁呢，否则积满了灰尘，难看死了。她也由是忆起一次"惨痛"经历。有回到上海，在一个古董家具店内看到两个玻璃的小灯罩，仿的是一朵绽放的花，花瓣微微向外翘。灯罩透明，厚厚的玻璃里还有小气泡，外头也是刻有一坑一坑的薄纹，一切都不多不少恰好。她不加考虑马上买下，价钱还算合理，回来后千方百计给两个灯罩安家，终于在沙发旁的小角落把原来的一对挂灯给换走了。也许是太近身，勤打扫，有一个星期天早上在拭抹当中一盏灯的时候，忽然飞来横力一撞，对对碰，两败俱伤，身心皆裂，还落得一地残骸。她在这一头大嚷，我还睡眼惺忪地不知已经发生空难。两个报销的灯罩，尘归尘，玻璃归玻璃，幽幽浮走，进入太虚。

　　我们算不上是幽浮狂迷，但对那未知世界还是充满好奇幻想的。闲来无事发梦对灯火，总觉得这些飞碟状灯罩有朝一日定必腾空而去，原来早有预谋、早已尽得情报。地球可亲人可恶，有机会随幽浮离去也未尝不是新鲜有趣的。如无生命危险还有机会写本冒险游记。——你想到哪里去了，我问，看看这里积的尘，已经有好一段时间没有打扫清洁了。

启示录

如果你能解释清楚，那件事就不值得做了。

——大卫·托马斯

我欣赏一切的业余主义。我喜欢业余哲学家、业余诗人、业余摄影家、业余魔术家、自造住家的业余建筑家……

——林语堂

飞来 Yim Yok

这该怎么翻译？Yim Yok 是什么？她问。

倒也真不晓得，看来要把这几位荷兰籍的设计师找出来问个究竟。有趣的是，这几位隶属荷兰灯具设计团队 Equilibrium 的设计师，钟情的倒是地道香港文化，多次来港左拐右弯，钻的都是街头巷尾。他们也特别喜欢在晚上出动，这个当然，他们要看的是灯。霓虹招牌的灯，夜市小吃摊的灯，酒楼食肆的灯，摆卖的、看相的、拉客的半明不灭的灯，也就是这千盏万盏，成了他们的创作灵感。面前叫作 Yim Yok 的一盏吊灯，算是走马花灯的现代洁净版？看来看去，不明所以，却还是衷心叫好。

灯胆相照

赤裸裸光热告白

一切得从头再问——

她问我：为什么天会是蓝的？为什么飞机可以在空中飞？为什么鱼可以长时间在水里，人却不能？为什么星星会发亮？诸如此类，二十万个为什么，据说少年幼稚时代该是一一看过学过了解认识的，忽然被问起，原来却是咿咿呀呀支吾以对，错漏百出穿凿附会，怎能不从头重新学起问起，为求知究明事理，否则愧对二十一世纪。

Sophie Chandler

为什么富兰克林要用风筝来做电力实验？爱迪生怎样把碳棒揉成细丝，在众多实验者当中脱颖而出成为发光发亮的首富？乔治·伊士曼怎样研制简便的相机和胶卷？……就激励人奋发向上的小故事，读了就忘了，人家的苦苦努力我们都习惯唾手可得，做一个最方便最懒的消费者实在太容易。也因为如此，也太不懂得珍惜大大小小身外物，拥有占有的欲望一味上扬，却忘了其实最想要最应该要最需要的是什么。

借题发挥，我们其实是迫自己当下反省。今时今日普通固然要放开胸怀拥抱新新事

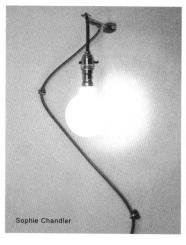
Sophie Chandler

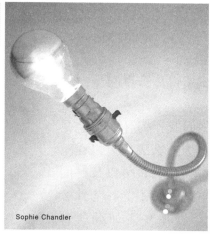
Sophie Chandler

物，但简单普通不过的小道具，细心还是可以看出新趣味甚至大道理。平常如灯泡，原来赤裸裸发光发亮也很美。——小时候头顶天花板不是光管就是灯泡，不做修饰就是这样，哪来今天千变万化高矮肥瘦那么多地灯、台灯、壁灯，花多眼乱应接不暇。我常常觉得她挑剔，但抚心自问自己更刁钻。走进灯饰店铺，成百上千盏几万伏特各自发光发热，物料日新月异，形状款式更是各走极端，都企图在小小家居环境里面争做主角。——灯光照明固然举足轻重，对室内整体空间气氛环境都有戏剧性（甚至决定性！）的影响，但一旦失控，调节失误强自出头，本应互相辉映就肯定变成你争我夺，所以面对排山倒海的灯阵，我倒确实怀念起灯泡来，bare essential，一目了然的功能美原来格外称心。

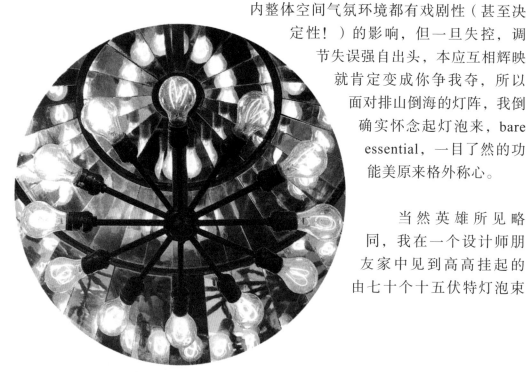

当然英雄所见略同，我在一个设计师朋友家中见到高高挂起的由七十个十五伏特灯泡束

成的一个灯饰"装置"，是荷兰设计团队 Droog Design 的设计品。概念简单精彩，效果震撼惊人，因此我开始特别留意从灯泡出发力保原汁原味的灯具设计，也细心比较各灯泡制造商各种尺码型号、各种伏特、各种功能的灯泡。因为我相信，只要有信心有计划，赤裸裸示众肯定是个未来大方向。

启示录

真正的科学家，从不丧失惊异的本能。
——汉斯·塞耶

费拉洛向约瑟说："我做了个无人能解释的梦，我听你说过，你会解任何奇怪的梦。"
——《创世记》

模拟灯泡

她相信诗。

谁说诗人已死？聪明的诗人就是寻常百姓，回到家回到生活，在日常经验里面磨炼小聪明成为大智慧。因此我们有烘面包的诗人、做寿司的诗人、打篮球的诗人、驾驶飞机的诗人，当然也有拿着电灯泡就会发光发亮的诗人。

来自德国的灯饰设计大师英戈·毛雷尔（Ingo Maurer），其作品从来就是诗，精练利落，忽地里来一下爆炸震撼，用废纸，用破碎瓷片，用钢丝，用羽毛，每回都把灯饰提升到另一境界。这一回作品有长长一个名字："你在哪里？爱迪生，我们现在需要你！"他利用了全息图（hologram）技术，在一个空空的玻璃圆管灯罩里，投射了一个虚幻的蓝色灯泡，灯泡上面还有一只爬行的小苍蝇。回顾前瞻，设计师就是诗人。

Enzo Mari

Best & Lloyd

钢铁般的温柔 从合金家居道具开始

没有什么可以说的，我说。

你说我？她问。

我懵懵地笑，顾左右，故意把要说的都吞进去。两个人在一起这么久了，要说的，是否可以不说呢？是否会有磁场有电波？是否可以心灵相通？电光石火的一刻是在相遇之初，十年八年，一切都变成规矩模式之际，又应该怎样把平淡再磨出棱角，为了刺激是否要节外生枝？

你在想什么？她继续问。其实她知道，知道日子如水般淌过，知道没有激流，知道也许有暗涌，都接受，不是被动地接受，总得积极，积极在日常的相处中，坦然诚然，这个身边的人，以至身边的物，在理所当然的运作当中，其实还是需要细致的温柔的个别的应对关系，从来不应该粗糙。

我还是没有说话，话说出来，花巧的笨拙的，往往就说死了。常常说中国语言文化精深博大复杂多变，可惜我们知道得太少。说出来听进去，究竟有没有沟通？甚至写下来看过了，其实懂不懂？还是不要说，好好相对，多花时间，你眼望我眼也未必没有新意义。

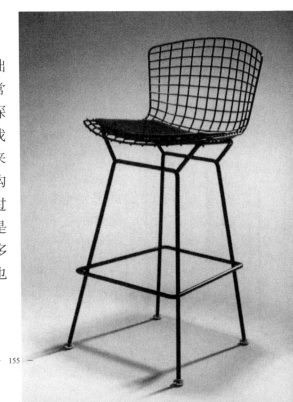

Ken Wingard

Buccatini

Philippe Starck

如此这般，我们绝对明白也绝对享受在家中这样没有发生什么，也没有什么发生地让时日流过。和自己选择的人和物共处一室，再三端详，再一次明白自己为什么做了这个选择。是否会有更好的选择？答案是会的，但在做下一个选择之前，倒该再一次尊重自己曾经做过的选择，尊重人与物，尊重自己。一个碗，一条毛毯，一个看来漫不经意却是苦心经营的金属扭成的杂志架，……这些生活中的小道具都各自在说话，用它们自己的言语在说话，有它们自己的动作和表情。我们与它们在某个时空相遇，做了决定做了选择，不是完成了消费而是开始了关系——

没有什么可以说的，她也说。跟自己说，就是喜欢，喜欢金属，是钢是铁是黄铜是铝是各种合金，如此坚硬也如此温柔。有弹性，能扭能屈能伸，从肆无忌惮的工业革命开始，翻几千几百次，我们作为终端的应用者，对当中天翻地覆的科研发展不甚了解，但对日新月异的制成产品却是兴趣盎然。从千百年传统工匠的铸造打磨人工手感开始，到二十世纪初大量生产的标准焊合，二三十年代装饰艺术风格的流线雕琢，

Stefano Colli

五十年代的装饰趣味，六七十年代的科幻未来，之后到今时今日，从来感兴趣的是金属世家中也有把重量玩得轻松的，伸缩天罗地网，把喜欢的人和心都掳走。

　　金属当然有它们冰冷的一面，但我们都知道，给它们热，就烫手。

启示录

　　我从不判断我的爱憎是好、是坏。个人的爱憎并不一定要有理由……我喜欢某些事物就只因为我喜欢它们。

——林语堂

　　如果女人不存在，世上的钱就毫无意义。

——奥纳西斯

　　男人的欲望，就如随身携带的铜皮，数量愈多，负担也就愈重。

——沙雅·赛巴

支撑大局

　　适当时候宠一下自己，不，我跟她说，你是时常宠自己，几乎宠坏。

　　走进朋友的店，一家把世界各地经典新旧设计搜罗搜集的店，她常常有惊喜发现。最近的发现是一座五十年代的金属架，典型的"原子"造型结构，是曾几何时集体美梦。你叫它古董也好，当它是二三四手转让也好，反正都落实应用到生活中去，老当益壮，支撑着外头风尘仆仆之后暂且休闲的大局。有如此一座实在的层架，恐怕我们也再没有借口把看完的报纸杂志随手堆得一屋一地，她转过头来笑笑说，得让它也呼吸呼吸，没有负担没有牵挂，你看它多好看！

时间有限 分分秒秒的喜怒哀乐

我们狠狠地吵了一架，一发不可收拾。

是因为什么吵起架来？她问自己，我也问自己，原因和上一次吵架和再上一次吵架和再上上一次吵架都一样：是某一个过敏的反应，是某一声过慢的回答，是带刺的一个言者有意闻者更有心的嘲讽，是脸色大变青筋暴现，是咬牙切齿默不作声，是大庭广众忽地调高声调把私事当作公共事务，是拍案而起拂袖而去……例行的步骤每次皆如是，千篇一律惯用的伎俩重复又重复，风头火势当中竟有一种冰冷麻木，电光石火一刻一时间全无意义。曾几何时，说过珍惜相聚一刻，又说过冀盼天长地久，好好歹歹积累了这么长的一段共同生活的经验，却又知道并且注定建立的一切随时随地毁于一旦，完了，开始了，原来都一样。

同一屋檐下，我们心里都知道这个回合没有那么容易结束，恐怖的是大家都任性地让新仇（？！）旧账（？！）散落一地，毁了先前约定争执在日出之前终结的好习惯。谁说时间会慢慢冲淡创伤？分明是怨怒分秒俱争，确实大事不好了。

距离事发时候已经七十二小时，我们依然拉锯，累得

疯了蒙头睡去，同床异梦却是睡了等于没睡。忽然醒来，我拖着战败的肢体移到厨房拉开冰箱喝冰水，死心之前求其刺激，冰封何止三尺。又忽然举头望望挂在墙上的时钟——十一点二十五分？！上班岂不迟大到？！勉强挣扎翻乱昨夜衣裤，找出腕表一看，幸好才是早上八点零五分。未免老套，可真的是连时钟也停了，拒绝计时是否就等于一切停顿，甚至一切也没发生过？当然事实在眼前，电池用完要换了，就是这么简单。

我企图去找一节新的电池，可是这些家电小道具的管理一向是她的职分，我从来尽地依赖，看来今回要自把自为也有点困难。一番折腾原来也把她吵醒了，她一目了解，不动声息不知从什么地方拿出电池，说时迟那时快更跳上椅子一手把时钟拿下来。这是某年旅行台湾买来的一个二（三？）手旧挂钟，简单款式湖水绿色，外壳的油漆已经有数处剥落，机关所在——换电池处——不是在挂钟的背后而是另外有一小活门自行开启，而且它更非一般挂钟，是远洋轮船退役之后肢解过程中保存下来的。当年台湾拆船工业依然蓬勃，辗转流入市场的包括船上各式航海图、信号旗、餐具，而挂钟也是当中比较特殊的"遗物"。它跟一般私人的古物有所不同，悬挂于公共场所，更一直提点漂洋过海的旅客此刻是什么光景，匆匆行旅中诸多变化，唯一无须保留往往就依靠相信的，也就是墙上这一个看来忠诚的时钟。

还记得出售这个挂钟的小小古物杂货店就叫"有容乃大"，我在回忆中快速搜索拣出这四个字。这个小店寄卖的不仅有历史还有时间，在古物堆中寻寻觅觅

觅也就是顾客自家的经验回忆。——想起来挂钟在我们身边不知不觉已经十年，分分秒秒，有容乃大，为什么却一直没有明白，时间原来有限，无理争执原来是一种浪费。

启示录

人生之美是包含于这个事实之中：当我们在除夕回顾去年的新年计划时，发现我们完成了三分之一，有三分之一还未实现，而剩下的三分之一根本就不记得了。

——林语堂《生活的艺术》

传统的时间管理一味求在最短时间内做最多事，反而忽略了依照自己对事情的重视程度来安排时间顺序，因此，忘掉墙上的时钟，遵循心中的罗盘行事！

——史蒂芬·柯维

一笔一画，留住光阴

终于再开始对话，终于都扮演软雪糕——入口融化且一味的甜，请大家稍稍忍耐我们这私家乐趣。

口口声声都说沟通，从国际正经大事到娱乐八卦小道，有问题都出在沟通之失误对话之破裂，因此大家都想方设法，务求对方明明白白，在有限的时间里忙乱的同时，叫身边的人安心，相互多一点掌握与了解。

经过伦敦，我们必定拜访美艺大哥大特伦斯·康兰的美艺总坛 Conran Shop。在一系列配搭厉害的桌椅床柜、杯盘碗碟当中尽地吸收，练就敏感触觉，这回的惊人发现是一个结合了儿时教室里粉笔黑板与简洁时计的一个挂钟，目的再明确不过，功能直接得很聪明：在分秒经过的日程里，安排照应都从这里的一笔一画开始。

盒该有事

大盒小盒私家回忆

百无禁忌，光天化日我们谈起死。

如果我死的时候你还碰巧在我身边，她跟我说，请尽尽人事替我选一副比较好看的棺材，我不想一世英明，到最后一程竟然躺在一个不知所谓的盒子里。我知道我那一伙至爱好友从来挑剔，伤心之余肯定会窃窃偷笑我的最后失误呢。这也难怪，我倒是很认真地说，我从来就不很接受中式棺材的设计，也许是小时候看过太多粗制滥造的港产神怪僵尸片，劈棺盗宝诸如此类，死变得又轻佻又恐怖，连带对自家中式棺材也生反感，至于西式棺材勉强好一点，但还是有吸血鬼旁生枝节的坏影响，而且常见的都似乎打磨太努力，过分隆重光亮可鉴，少了一份安静朴素。也许我们都得事先张扬替自己设计定做好棺木，我们异口同声齐齐说，以备不时之需，也算是最后的美学坚持吧。

并非说笑，我们几乎要坐言起行，这个最后的盒子的设计搞不好还有拥趸有市场。即使今时今日流行火葬，这个出场四十八小时的盒子还是备受重视，灵魂纵使逃之夭夭，躯体在这个世界上还得有最后一个占用的空间，请大家帮帮忙，认认真真做点好事。

说起盒子，我们一下子又拉扯得很远。还记得孩童时代珍而重之的巧克力铁盒吗？名字都忘了，依稀有印象巧克力苦苦的，用银箔包装，盒面深棕色凹凸一格一格，之后接力的有花街，有积及克力架（Jacobs）……掏空了吃光了内容，盒子总会留下装载些什么。我有过好几盒集邮时代用以交换的邮票，她分门别类有一盒铅笔、一盒毛笔、一盒圆珠笔钢笔、一盒绘图彩色铅笔；我有五盒明信片，她有三盒（勉强称得上是的）情书。我有剪报习惯，最爱剪下报刊中大大小小离奇古怪图片，久而久之满天飞舞的纸片得落入盒子里面。巧克力时代过去，过年过节不怎么收到糖果，得自行购入无印良品锌铁盒，一买就是三十个，竟然都爆满。

不能不提日据时代，她笑着说，虽然口口声声环保珍惜资源，但把日本产品的包装盒子拿在手，层层叠叠翻掀开仍赞叹惊讶，虽然到最后吃的东西不是太咸就是太甜，但盒子还是珍而重之地留下。纸盒、木盒、铁皮盒、胶盒，甚至有竹的、藤的，夸张起来更收到过陶瓷盒子——生意人还是聪明的，精美的包装盒讨人喜爱，登堂入室竟然留得住传下去。我有朋友更刁钻地专门收集蒂芙尼（Tiffany）的天蓝纸盒和爱马仕（Hermès）的橘色纸盒，贵重名牌来来去去不上心，最牵肠挂肚的竟然是那些大大小小高矮肥瘦的专色纸盒。

盒子世界丰俭由人，我们一方面推崇街坊大众废物再造再用版，对那些办公室实用型的盒子钟情不已；另一方面又着迷那些价值连城的明清花梨、檀木笔盒，其修长比例，其沉实重量，干净利落至尊至极，仿佛几千年中华文化尽收盒中。她也一直以有限资源收集简单精致的首饰盒，

当中有埃及的银器小盒、泰国的木雕圆盒、印度的玻璃方盒、日本的贝嵌和漆器扁盒，还有糊了蓝印花布的中国盒，有一年还收到美国友人特意送来的原装震颤派（Shaker）风格桃木盒，盒中有盒大小一组六个，层层叠叠好高兴。

没有什么首饰的她爱的是首饰盒，光有一大堆废纸杂物的我爱的是废物再用的包装纸盒。盒该有事，里面装载的是私家回忆，包括尘埃与空气。

启示录

生活是一个可怕的经验，可是遗忘更悲哀。
—— 田纳西·威廉斯

当一个人说他厌倦了生活时，你可以确定是生活厌倦了他。
—— 王尔德

药未到病已除　十字架传奇

一个红十字架，该是药盒吧，她指指点点，问我。

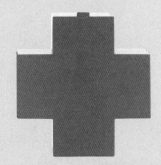

我倒觉得这是装置艺术呢，我煞有介事地说，更详征博引地把一众当代概念艺术家也搬出来，当中自然少不了来自德国的一代宗师约瑟夫·博伊斯（Joseph Beuys）。还记得我们在柏林看过他的回顾展，当中不是有一整系列的十字架作品吗，我滔滔不绝地说，还有博伊斯早年坠机在雪地获救的故事，助他脱险的毛毡，油脂成为他日后的雕塑材料。这个红十字架，也是遥遥有点联系吧。

辗转变身，红十字架变成铁皮盒子，托马斯·埃里克森（Thomas Ericksson）替意大利家具厂商 Cappellini 设计的。侧面开关，内有简单间隔，背有挂钩小孔，挂在墙上，既是实用药盒，也是仪式象征。

红色太厉害，她跟我说，放在家里马上像走进诊所或医院。这边有个绿色版本呢，我发现说。绿色又有点奇怪，她批评道。

如是者放下不提，直到某年我的生日，收到重甸甸的一份她的心意，A.P.C. 寄卖的一个十字架版本，全白色。有情人得偿所愿，从此白盒依着白墙，不知不觉，里面没有药。

框框内外

生活审美游戏

她跟我打赌：看你一意孤行，还能憋多久？

事缘很简单，我贪心，也滥。如果问我喜欢的艺术家和作品，新旧老中青可以一口气念出几十个名字，而且不是随口说说，我几乎可以准确说出每个心仪的偶像的生老病死、派别时期（除了很多时候说不出为什么如此喜爱，喜爱就是喜爱）。也因为穷，真迹当然买不起，只能转向收集印刷品：海报、明信片、精装平装画册，甚至网上下载打印品的……十多年来不停收集存藏，早已把居住的小小空间铺天盖地。我也一直公平，尽量不偏心，所以从来都没有把心爱的画作装裱，因为爱 A 的时间同时爱 B，同时希望与 C 和 D 朝夕相对……为了省却相互争宠折磨心神，索性就把 ABCD 都好好藏起来，留待有什么时节什么老友聚会，才把这些偶像请出来，搞搞气氛壮壮声势。即使是大半年前搬进新居，开放式的规划增加了居住空间，我也是决绝地克制地矢志不陈设任何喜好装饰，刻意家徒四壁。

肯定是中了简约的毒，她太容易替我诊断出症状。自从在杂志里看过那些简约大师如约翰·波森（John Pawson）、唐纳德·贾德（Donald Judd）、安藤忠雄等人的家居建筑设计作品，我也借着公差外游亲身探访过这些干净利落的公共空间，入住过以简约招徕顾客的精致旅馆。我更是义无反顾竭尽全力地把拥有的心爱的都一一收拾好藏起来，不在乎朝夕相见，但求早已占有。决绝如此，她常常嘀咕，其实有点变态。

未致故弄玄虚，实在也走火入魔，到了某一种程度，我也怀疑自己这样压抑，是否有害心理生理健康。其实忘不了骗不了自己，每回路过那些装框装裱的店铺工厂，总忍不住驻足停步。当然要避开的是那些四流手工精心雕琢的路易十四、十五、十六类似物体，也千万跟那些俗艳且会自行变色的铝质电镀画框划清界限，因为明显易见，无论你装裱的是什么传世名作（或其仿制！），还是家庭乐婚纱照，一不小心挑错了画框的颜色质料和造型手工，DNA 出错万劫不复。刁钻如我们，往往在一列排开上百个画框的曲尺样本上，只能看上三数个，而且更要运用经验和想象，把画框和框内作品及框外家居空间联结配搭起来。所谓配合，其实也是你死我活的权力游戏，看谁最强势最出色：一个平实无奇的房间可以因为有一幅厉害作品而全然改变本来面貌，一幅简单不过的素描或水彩可以因为一个煞有介事的画框而令人刮目相看，三者之间的关系可圈可点，当中牵涉的又何止是价钱高低，完全就是眼光、眼界、修养等等独门私家武器。

以为早已身在框框之外，怎知原来还是留意框框之内。绝对简约，绝对摒弃装饰，其实也是跟自己开玩笑。有天我收到一个朋友在阿拉伯世界旅游后捎回来的一份小礼物：一个由粗糙木条简单钉嵌制作的窗框，手掌大小，当中还有镶好玻璃的一道窗门，可以自行开合。我突然发觉，一个框框原来也是通往外面世界的一扇窗。

框中有情——阿瓦隆内的古老法术

　　大学时代，她念的虽然是有板有眼的理科，但下课后总爱跑到校园的另一端艺术系的教学大楼去探朋友，在那些早经设计妥当、尽量引进室外日光的画室中看着那群准艺术家挥洒放肆，日后跟一众混熟了，有回几乎被说服脱光了替他们做人体模特儿。

　　回看这些动辄半平方米开外的大幅作品，她总觉得完成后上墙根本就不需要再给画框，一框之下搞不好就框死了。相对来说，有些画框本身就是一幅画，根本也不需要框住什么。有回在伦敦，误打乱撞

走进一个画廊，画廊这一档竟然不卖画，卖的是画框！来自米兰的加图索·阿瓦隆内（Gennaro Avallone），经由平面设计转入时装插图再对布料狂热最后开始了立体小法术，运用一双巧手，用木头和陶泥制作了一批质感丰富的框架和盘碗，更进而涉足几桌、墙壁的装饰。阿瓦隆内的纹样灵感都来自自然痕迹：波浪的浮荡、海绵的疏密、树叶的结构、树干的断裂……面前因此出现的是古老的符号加上最现代的演绎。阿瓦隆内认真地对喜爱他的一众说，在我的作品面前，眼看，手要动。

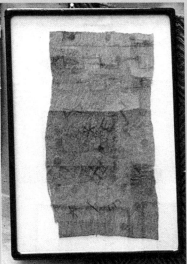

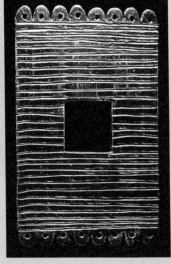

乐得牵挂

小道具大智慧

　　明知百辞莫辩，但我还是人急智生，跟她振振有词地说，这是人气。

　　人气是什么？是高保真音响（HiFi）和电视机旁堆积如山的 CD、ID、VCD，是电脑旁边随时陷落的磁光盘和光碟堡垒，是书柜内层压的书本杂志——还有跑出来在地板流连、在窗台曝晒、与灰尘为伍的过期报纸，更已经挡住大半只窗快要看不出外头天光天暗。人气是下班后玩乐完回到家，门一开还未上锁把身上衣帽裤鞋袜就这样一脱，随它们原地休息。我早已光着上身忙这忙那，找吃的找看的，听点音乐洗个脸，如果不是她板着脸有好气没好气地来收拾，这一堆身上物就原地停留直至进入永恒。

　　我还在狡辩说，太干净整齐，哪有家的感觉，你看那些家居杂志设计示范单位，一尘不染刻意摆设，冷冷幽幽的就像主人外游未返，或是从来如风如影偶然半夜出现。印象最深的是看过的英国简约大师约翰·波森的

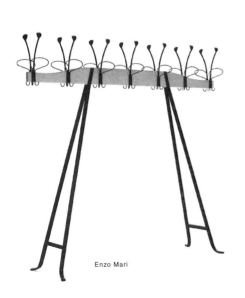

Enzo Mari

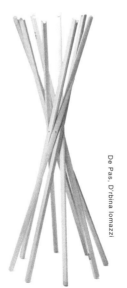

De Pas, D'rbina Iomazzi

— 171 —

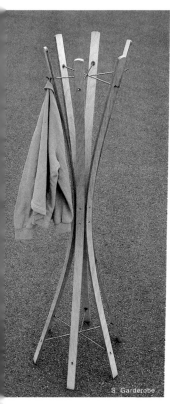

S. Garderobe

Gobbi

家居照，大师注册招牌设计异常干净利落不得有误。木板地、水泥墙、玻璃间隔、不锈钢细节，空荡荡之外还是空荡荡。偶然读得《南华早报》一篇访问评论，说他的也是设计师的妻子好英式传统堆叠图案浓厚颜色，但跟约翰·波森走在一道却只得修心养性洗尽铅华，而约翰·波森的儿子也向同学投诉说从小没有什么玩具。试想大师怎能忍受古灵精怪七色八彩奇特质料形状的坊间玩具（垃圾？）堆积一室，要买玩具大抵也只会走进博物馆礼品部买一盒沉甸甸原木切割不上颜色油漆的积木——无论儿子把积木怎样砌、怎样乱放也跟室内的颜色系列协调配合。还有几成笑话的是，儿子不满父亲严禁在起居室里安放电视，因为父亲觉得荧幕里头的花花绿绿实在殊不简约难以控制。活得如此"艰难"，如果只是为追求某种自以为是的风格和感觉，我跟她说，不活也罢。所以前一阵子朋友高兴地来电告知约翰·波森会来港出席他设计的新机场国泰贵宾室的宣传，亦有迷你新版 *Minimal* 的新书签名会，我再三思量要不要去拜会这位一度的偶像，最后还是觉得让大师休息休息，我担心自己多言不慎问起大师家里水泥浴缸的裂痕修好没有，比较尴尬。

　　她说明白了明白了，说来说去你还是找个躲懒的借口，懒收拾。即使不是第一时间把脱下来的衣物丢进洗衣机或者塞入衣柜（实在也不应把城市灰尘马上赶入柜！），至少也得合作合作，找个衣钩衣架把衣物暂且牵挂住，如果你嫌弃那些街市十元五个彩色便宜胶线配铁线的货色，木头颜色深深浅浅也有很多的选择。高贵一点的也不妨留意一众设计师的"副产品"，尤其是北欧新锐特别热衷设计这些家庭生活小

玩意儿。其实一天到晚口口声声设计设计的，往往只留神在意那些花巧高档的大型组件，却最忽略和一般人相关相连的居家道具。庆幸有这些初出道小本经营的设计师，乐于把他们的大智慧化成小聪明，大胆用上各种物料，千方百计把小小衣钩衣架也设计得趋时好玩而且功能实用。看你还有没有借口不牵挂不收拾，她向我发出最后通牒。

风雨立足点

外头风大雨大，我习惯穿雨衣，还要是连帽的款式，而且切记宽阔，好把随身背囊也穿在里头。回家进门前在走廊已脱下，提在手里用力一甩，走廊下雨，叹声公德何在？

她却坚持用雨伞，红橙黄绿都可以，不好花纹只爱纯净色。下雨时提一把伞在街头左穿右插，一副战斗格。

我们两人都忘了从小究竟遗掉了多少件雨衣、多少把雨伞，也许有些设计物件注定是流传人间集体共用的。下雨天店堂门口一个塑胶桶，集中了好几代前辈新秀的手工设计。有天闲来无事突然想，除了塑胶桶之外，七式八款的雨伞还有没有另外一个立足点？

终于在意大利家具厂商 Driade 旗下的年轻品牌 D-store 的目录里找到一个飞碟状物体，全铝倒模的碟上有十孔，足够几家人立足，设计者塞巴斯蒂安·伯格（Sebastian Bergne），乖巧地把飞碟唤作 rainbowl。曾几何时雨水是可以盛在碗里喝的，但当今时世，却是万万不能。

Sebastian Bergne

忽然想起

没有无印的日子

忽然谈到死。

没有什么不可以谈，她跟我说。也没有什么好谈，我回答她。究竟我们谁会先死？先死的当然幸福，也很残忍，留下另外一个，要烧一人份的饭菜，要独力拆开水费电费、信用卡月结信封并签好支票寄出，要自个儿每天看完根本看不完的厚厚的一叠报纸，还有每周的每月的杂志。走在街上看橱窗看货架，新的好的，买与不买没有人跟你争执，一口气都买，回家和旧的破的放在一起，其实都用不完，而且知道，你留下的一整柜衣服（或者你留下的堆积如山的书），将会安安静静继续在那里，没有气力去碰。

怕死？她搂着我问。没有什么好怕，怕的是死不去，呆呆看着身边的一切流离衰败，却又无力喊无力挽，为自己找一个宣泄、找一条出路也许不难，从这道门出去恐怕再也找不到一道门进来。你又在想什么说什么了，她皱眉头。我说，你知道。

Muji

　　容许大家都放肆，容许唱盘上转来转去是稍稍矫情的蔡琴的一首老歌——忽然想起你，才发现你不在我心上（？）……忽然想起你，终于体会了人世沧桑（？）；忽然想起你，往事已隔在遥远的地方（？）。与事实拉扯与自己纠缠，我们在匆匆忙忙中也得偷来忽然一刻，忽然想起——

　　忽然想起应承过写一篇悼文，笑着写其实跟哭着写一样。好久之前的一天接到 L 的电话，事先张扬通风报信，说的是无印良品撤退的事，她还清清楚楚记得我一手执着电话筒一边惊呼狂叫。本来一个牌子也就是一个牌子，起起跌跌出出入入是人家老板的事。可怜（？！）的是，这十数年来我们已经把自己的身份、地位、态度跟无印一同定位，太方便。无印是我们的便利店，衣裤鞋袜、杯盘碗碟，日程账目、笔记本和笔，塑胶的、铁皮的、瓷的、布的、纸的，大中尺码的，急需的、备用的、送人的，都是无印。

　　我们当然知道，闲来无事买买买的无印良品，还足够两人用上三五七年，况且日本总坛还在英国法国分店开完又开，问题是怎样也想不到这个城市这些年来这么一批人，竟然也养不活一个牌子这几间店！无印不一定是良品，但总算是一种意念一种态度。个人也偏心地乐得见到大小朋友简单干净耳目一新，可是每况愈下的是在杂色纷呈、噪声震耳的此时此刻，简约阵地失守，小猫三两无处容身，想死，又不甘心。

她本来想跟我说你实在是言重了，但转头想想发觉自己以后要远赴重洋才可以挑到无印那批利落小巧的手挽装，愈想愈不忿。我从前常常自嘲说为了钟爱的刺身和寿司，说不定会当上汉奸卖国。她问自己如今没有无印，太不方便难道要移民？

蔡琴的前辈白光在唱：如果没有你，日子怎么过？我们想，当今时世更难过的是，忽然没有你，日子还得继续过。

启示录

如果生活真的有目的，该不会如此模糊、困惑、不易发现……

——林语堂

没有什么事物是建筑在石头上的，任何东西都是盖在沙上，可是我仍有时必须逃避现实，假装好像沙就是石。

——博尔赫斯

偶然目录

腾空一点时间来收拾厅房，结果却收拾不了心情。

不知从哪里找出一个牛皮公文袋，拆开来赫然发觉里头是好些年来先后收藏的无印良品目录、宣传小册和单张，甚至有几张五寸（3R）硬照，拍的是日本无印的店堂，以及店里墙上的精彩海报。

中毒太深，由偶然浅尝到必然沉溺。每回到东京，必定到大小无印良品店巡场，可以买的应该买的大抵都买了，继续贪

婪的目标是那些精美齐全的目录，无厌地拿了一本又一本。

有一回离港前 N 急急来电，千叮万嘱托我买的是无印的吹气两座位沙发。时正盛暑，满身大汗跑遍东京大小无印，答案是早就被抢购一空，连目录单张也一一扫光。我勉强在当期的 Brutus 中碰巧看见沙发的广告，买回来撕送给 N，聊胜于无。

手头这一叠典藏目录，忽然增值忽然有意义，以后有心路过不妨多拿几本当季目录，实在是厚礼。

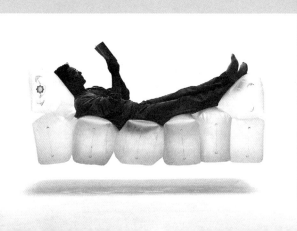

奉纸之命

在纤维中看见自己

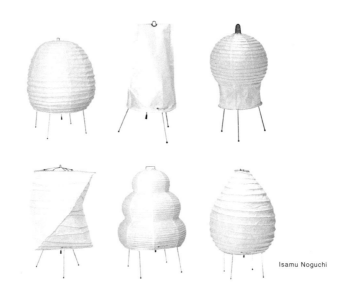

Isamu Noguchi

　　她一边在看她已经看过不下五十次的经典粤语长片，一边在唠唠叨叨地嚷：唉！风雨飘摇，身世可怜，果然人情比纸薄。刚在沙发旁经过的我却不以为然地冲着她说，薄纸一张可也都载负着人情。

　　说来当然是，她也最清楚，因为她珍藏的一堆杂乱心爱物件当中，有一整叠合计二三十个大小形状厚薄不一的棕色牛皮纸袋，都是她一直在不同地方不同的杂货店、超级市场甚至时装店购物后留存起来的。她不懂为什么她对这些纸袋情有独钟：是因为那种朴素的颜色？是因为那种粗糙的质感？加上丝网印刷简简单单一个商标几个店名大字，看着拎着都高兴，难怪朱丽·安德鲁斯在经典音乐剧《真善美》中，也放声歌颂这些普通不过的纸袋，奉为心爱之物。

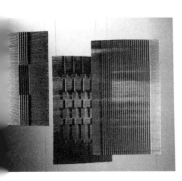

　　她爱纸袋，我却爱纸盒、纸箱。虽然一直都对日本购物习惯中耗费大量包装材料有微言，认为实在浪费实在不环保，但把那些精美得厉害、本身已经是礼物的纸盒放在眼前，却真的爱不释手。十数年来大小空盒存起数量也颇惊人，最初更有不舍得用来存放物件的，到后来也得忍痛应用，只是格外小心，其中一

个本用作包装碗碟的硬盒，里头更有十多张我亲手做的纸——

那是大学一年级的暑假，我煞有介事地去参加美术营，一心发掘自己的艺术潜能。一直抱怨中学美术教育太烂，一天到晚自由画，结果什么艺术细胞也没有发达过。果然在美术营中提笔画画笔有千斤重，半途只好跑去太阳底下跟导师学造纸。详细的过程都快要忘了，只记得大伙儿在水缸中泡废纸，也混有捡来的植物纤维，再用搅拌机把纸糊打成纸浆，用特制的竹格和丝网把纸浆捞起筛匀，再在阳光下晾干……有些女同学更在纸浆中放进花花草草的，我都不要，结果制成品一张一张都是说不出什么颜色的纸皮，又厚重又笨，跟我一样。

纸会沾水，容易潮容易变形，这是纸不能大量应用作为家居建材的一大遗憾。但作为相对便宜的材料，纸也被集中应用做纸板储物箱、门窗裱纸、纸帘纸屏风，甚至带试验性的瓦通纸椅纸桌（当然有别于祭仪扎作），而用作装饰用途的纸就更为普遍，包括用作墙纸的各式混材纸料、用作相框画框的纸皮纸板、纸糊的雕塑和玩具、本身就是艺术品的窗花剪纸……一纸之薄，延伸发展都有不同故事。

当然不能不提的是纸糊灯笼。不要老想着僵尸恐怖片里三更半夜自顾自飞来飞去的鬼灯笼吧，我对缩作一团的她说。固然你可以在街头巷尾买到大小形状不一的白纸糊灯笼，但刁钻一点的可以挑选由日美混血雕塑家野口勇设计的一系列唤作光之雕塑（Light Sculpture）的灯笼。一九八八年才以高龄辞世的这位著名雕塑家，出生于文学家庭，回美习医的同时已开始学习雕塑，后来更弃医远赴巴黎，投入雕塑大师布朗库西（Pierre Brancusi）门下学艺，钻研抽象主义表现手法，多以石料为材，作品主题恒常针对正负阳阴等矛盾统一关系。而这一系列近二三十款实用性强的纸灯，可悬可站，小约一尺大至十数尺，内有安排妥当的照明设备，由日商 OZEKI & CO. 设计生产以来登堂入室广受欢迎，把你的家居也变作艺术殿堂。

Shigeru Ban

也许是那堆经典旧片看得太多，她又再跟我说那个女的因为没有一纸婚书就受周遭的人冷嘲热讽好可怜，我说现在谁还相信一纸之约，要一张纸的话，就给你一张印有小王子图案的五十元法国钞票吧！

启示录

对于我们这些自称为设计师的，看来是时候去真正为大众的安宁、喜乐和游戏好好着想……
——埃托·索特萨斯

我们用心营造我们的居所，然后我们的居所转过来营造我们……
——丘吉尔

袋袋相传

我就是我，我不是毕加索。毕加索在牛皮纸袋上涂涂画画，流传后世价值连城，我也在牛皮纸袋上写几行画几笔，还随手记下某人某人的电话，斑斑驳驳不值钱，但都是真实生活的一部分。

生活中倒真有一堆这样的小玩意儿，探根追源又牵连出一大串故事，就以眼前她珍藏的普通不过的牛皮纸袋为例，原来面世才刚满一百年。出生于美国俄亥俄州的查尔斯·史迪威（Charles Stillwell）在一八八三年首先开始用机器大批生产牛皮纸袋，而跟从前的纸袋设计有所不同：纸袋张开后底部变平，可以自行直立，所以史迪威把这些纸袋唤作 S.O.S（Self-Opening Sack），出售的时候都是叠得好好的，方便平放，合乎经济运送原则。二十世纪三十年代超级市场大量涌现，也直接影响纸袋的需求，至今美国每年消耗四十亿个大小不一的牛皮纸袋。即使有各种其他包装物料出现，牛皮纸袋仍神奇地历久不衰。

小小一个牛皮纸袋，的确为我们带来启示：显赫权贵固然可以调动巨资为一己设计穷奢极侈，相对来说却不及一些予人方便的平民设计，又实在又伟大。

Muji

独木不成林

自然纹理百年思索

周末，山上。

山，说起来见笑，其实只是所住的屋苑后面的一个小坡，小坡有没有维修保养、是否潜伏威胁倒要问问有关单位，我们只知道小坡长年常绿，推窗外望是仅有的自然景观，当然，还有坡上的一小片天空。

Mauro Mori

难得有机会从山坡旁小路往上走，百来级混凝土修建的"正式的"梯级之后，就是石板堆砌路，然后是黄泥小路，还是老说法，地上本没有路——我倒觉得，现在的人太懒，懒得走路，所以走的人不多，也成不了路。仓仓促促随随便便，这条爬上山坡的小路到最后也糊糊涂涂地混进矮树林中，我和她也只好原地站着，没有什么风景。

景由心生，她最懂自嘲解困，这里不是也有花有草有树吗？她从来就是那种流放荒滩会拾贝捡石，迷途树林会拣花折枝的乐天知命的种族，此间更顾不了冒犯不得随意采摘的律例，自由行动起来。

由她放肆，自知周末鲜有政治正确。当然我知道如果上山旅人都把一点草木带回家中去装点自己的自然大梦，山还是山，林就不成林，没有延续也就没有常绿的

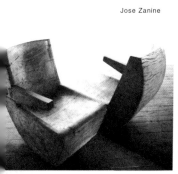

Jose Zanine

将来。虽然这是普通平凡不过的一个马路与马路之间的小山坡，但总也有它的一个生态一个相互关系。人作为其中一种动物，如果经过，如果做的尽是好事而不是坏事，如果留下的只是脚印，还有声声感激赞美，也许就是最理想的。我转身去找她，只见她已小心翼翼地捡着一大束枯枝，还好，人家的终结是她的一个新开始。不知是什么植物，细细的枝上有序地长着长长的刺，保护自己到最后一秒，枯去倒地还是油亮油亮的。捡来干吗？我问。随便放放，也很美。她瞪我一眼，回答。

你说枯枝卑贱，但实在也无价。不只是装点家居某个角落，细心的还可以端详阅读。看来没有人敢否定自然是最最伟大的设计师，其巧妙其刁钻其灵活，只能用"神奇"两字概括。单就植物表皮的质感和横切的年轮纹理，就够你迷惑地看上一天又一天。不难解释为什么即使有了日新月异的种种合成塑料和金属材质，原木以及仔细处理过的木纹家具、家用品还是稳占重要席位，近年在市场上更有凌驾超越之势。如果要逞强，一切木制品都可以自夸我就是唯一的我，没有翻版重复。相对可以百分百相同一千次一万次的一件塑料制品，木固然有它值得骄傲自豪的。

至于那些深山老林中的罕有珍贵的木头，却又是可远观不可亵玩了。学会珍惜，推己及人及物，周末山中，忽然思想起。

Mauro Mori

Andrew Wood

琢木成大器

就地取材，忠于原料，这个态度和方法其实一直都在，只是在大规模的工业消费品生产的风潮底下，手工自制家具不成比例无可竞争，也渐走两极成为粗劣低档或者精巧高档：有利用第三世界廉价劳工粗制滥造的桌椅，也有外来艺术指导和当地工匠紧密合作精工雕琢的单件精品，其国际市场价格不比利用高科技研制的一级家具低，更随时摇身一变以雕塑和艺术品的姿态出入厅堂。

记得有一回跟她到巴厘岛旅行，在小岛松巴哇慕名探访一位"移植"当地的法国雕塑家。来自巴黎的杰罗姆·阿贝尔·塞金（Jorome Abel Seguin）自从一九八七年第一次踏足巴厘岛，就被当地木匠的巧手精工吸引。他面前的一桌一椅以至一条独木舟，都是用完整古老树干一点一点刻削而成。那时的他身为艺术指导，正为路易威登、爱马仕、迪奥等名店筹划橱窗摆设，可是在自然的感召之下，毅然放弃了巴黎的铅华，决心在简朴自然的氛围中，与当地的工匠一道用柚木、铁木、檀木等老树干，制作长凳、桌子、躺椅、屏风等家具。也许不必强调什么文化撞击交流，面对自然造物只需虚心尊重，留住神髓，也不难变化出精彩厉害的造型和格局。自此杰罗姆落地生根，在群岛各处致力搜集收购天然木材，再顺从木料的形态和特质，时而大刀阔斧，时而雕琢打磨。走在那座展示场和工作室紧贴家居的传统巴厘岛建筑当中，树影摇曳，雕琢敲击声此起彼落，而由木板长廊走去白墙面前，都是看来粗糙简朴但实在花尽心思的成品，也实在叫人有留下来作为当中一分子的冲动。

精装石头记

沉积变质爆发成一家

　　手头上的不是畅销的地图王，我更是安心地往新界方向寻觅去——手持日新月异的城市地图，原来的山川风貌恐怕都荡然无存……最保险还是稍稍对照五至十年前的旧版本，还可以慢慢地沿着来时路追溯回去——在本就不很宽阔的新界方圆数十里平面上用手指打量，挑出那些蓝色的脉络：横涌石涧、平原河、梧桐河、石上河、林村河、大冷溪、小冷溪……究竟哪一条是当年地理考察走过的完完整整的一条河，想来是无法考证了，只知道中二那年地理课程里提到河的形成发展，一群贪玩好走动的就在假日里跟着颇受拥戴的地理科高瘦老师探本寻根源：从河口嶙峋石滩出发，一直沿着干涸河床往上游进军，好胜好"识"的我当然沿途指点解说各种河谷地貌、岩石演化形态，直到接近中游开始听见流水淙淙，又是另一番景象。岸边的岩石更形状奇特，似乎随手拿一块按比例缩小都可以是美哉盆景，一路攀登石涧，脚底下暗暗有河水在流，大汗淋漓的同时迎面又有山谷清风涤荡身心。先是一洼一洼水潭，然后是一池碧绿，抬头不远处更有微型飞瀑……短短几小时经历了几百万年的河流地貌演变历史，倦了躺着的大青石更是上千万年的沉默故事——其实曾几何时天崩地裂，岩浆灼热喷发，灰飞烟灭尘埃落定。尽眼望去，有快速冷却成形的条带

流纹的黑曜岩，有缓慢冷却的晶体粗大的花岗岩，有深海深处才得发现的辉长岩，有满布气孔或者斑状的玄武岩……她一边翻着袖珍本《岩石与矿物》，一边接着延伸我的少年地理探险故事——

其实我们脑袋里依然记得的与不断忘却的究竟是怎样在运作？她问我。一些念过记过的天文地理自然知识不知怎的给烦琐纷扰无聊的人间奇闻逸事摒出局，行尸走肉刻意穿戴，原来都忘了地球本只是电光石火的偶然。翻开图文典籍，赫然发觉褶皱的片麻岩是异常的抽象美，黑白云母深浅交织的波浪条带层次丰富得叫人感动，更不用说那些千色万变的大理岩，叫人浮想联翩的沉积成形兼收并蓄的砾岩和角砾岩，细致恬静的砂岩，残留古生物故事的石灰岩……读不完的地球最原始最伟大的纪实故事，稳重实在却又引人入胜。通过残存于岩石中的放射性元素的百分比，我们可以计算出岩石的年龄，最古老的远溯至四十二亿年前，最年轻的无时无刻不在地表深处新生——

外面有石头大世界，镜头一转回到室内都是石头装点。请忘掉豪宅庭居轩苑的仿意仿法大理石大浪费，冷暖不分、色相失调，请学会理解欣赏尊重物料运用的轻重比例，学艺未精倒不如一心一意用防火胶板，价廉物美多选择。日积月累我们的兴趣不在于把岩石运用在家居建材上，反是喜欢收集久经摩擦越见圆润的石卵，又或者是旅游某地随手拾得的一颗普通不过的碎石。与石有缘，她跟我说，是天下最自然不过的事。

启示录

……地球上已知最老的岩石是太空来的……这粒陨石标本，大约有四十二亿年。

——《岩石与矿物》

也许明天真的会更好——或者更糟，可是今天也许不是那么糟，你应该感激你就活在此时此地的奇迹，而忘了明天如何过，或者是否还有明天。

——洛·史德加

石头再现（台北版）

实在近，我跟她说。周末搭绝早第一班飞机，赶得上和刚起床的他相约在永和那家老店吃永和豆浆米浆油条蛋饼再加烧饼。饱了肚然后再到诚品书店逛，有他在身边，他会给你解说施工过程中种种美事糗事。他叫瑞，台湾室内建筑设计师，好几家新的诚品书店都是出自他的手笔。

我们跟瑞是老朋友，老友相聚聊起当年在他的戏剧化公屋旧居烧菜做饭，然后看着大窗外大台北半边天灯火通明车如流水……深棕色木板地加上舞台般的木床铺，开放的衣橱和厨房，珍而重之美得可以的杯盘碗碟，不难追索他留学日本完成学业之后原来有幸服务于安藤忠雄事务所，获益良多。回台湾创业以来一直以他独特的建筑设计语言备受激赏，我还记得身边留着他早年的一个设计案子的一幅照片，一个私人寓所的大厅，里头一反瑞对木材的钟爱，改用白色云纹大理石演绎，也破格地把石材从地板铺至半壁，造成震撼视觉效果。难怪说好的设计是音乐是诗，她跟我说。又跟瑞相视而笑，待会儿到哪里吃午饭，她接着问。

混凝时日

清水和泥和其他

爱上混凝土，是因为他。

其实在他之前，很多很多人也如此这般地混过，但不知为什么，某时某刻站在他的那一栋在京都鸭川旁边的已成经典的水泥混凝土房子面前，她觉得如果只给她爱一个日本男人，她可以放弃木村，或者反町，爱死的是安藤忠雄。

Tadao Ando，连念起来也声韵铿锵干净利落，她觉得自己已经着迷着魔。他是日本首席建筑大师、国宝级人间"文化财"。高格低调，以清水混凝土建筑外墙、以简约禅意的空间结构惊为天人，引领近二十年来日本建筑以至世界建筑潮流的大方向。说起来简单，他用的是减法，减减得加，加进去的是他对建筑物料的深厚情感和透彻认识，是那一份虔诚和尊重，叫走进他的建筑空间的人都深受感动。

面对原始粗糙的这一堵水泥墙，灰白颜色，掺杂粗细沙石，不平均的大孔小孔分布，各自呼吸。她突然觉得墙有生命，在混凝成形之后还继续生长，阴晴风雨都影响，侵蚀、老化、变色、剥落一一经过，完整丰富。她想，人也如是。

安藤忠雄当然同时也用木材用石料用钢材，但她觉得最有感觉的还是他的清水混凝土、他的注册商标。把重量级粗糙物料弄得温柔低调诗意，处处见真功力。"混凝"两个字也真厉害，把水泥、沙、石子和水按一定比例拌和硬化成形，有不同的抗压强度、不同的耐久性，且发展出耐火的、耐酸的、防射线的混凝土，诸如此类。学会欣赏这种从灰出发的低调，其实满足高兴。读过安藤的一段话：混凝土其实是最适合去体会由阳光投射制造的空间的一种物料。她再三思量，尽量体会，直到有一天她觉得明白了。

所以不难解释为什么她对灰灰土土的建筑地盘也很有好感，我常常笑说：你应该去接受三行技能再培训，由基本入手说不定将来会成为建筑设计师。她当然相信，因为她的超级偶像安藤也不是什么理论先行学院训练出身，完全胼手胝足打天下，我行我素自成一家。她也特别留意将混凝土用到室内的种种例子，成功失败或粗或细一一参考。如果下回换房子，她跟我说，不如尝试铺一幅水泥地。——可得想清楚，我说，听说手工不好的话很容易龟裂呢。——我就是要那些裂纹，她回答。

单调学问

学会单调，原来得花一番苦功。

我自知贪心，且发觉原来喜好简约的一众同道实在也是一群贪得无厌的——也因为如此，才致力把花花大千世界都整理压缩升华简化成看来平淡无奇的颜色，或排列整齐或不规则的纹样，甚至只是一组一组粗细不一的线，两点一点……爱过太多，得到太多，回过头来开始知道单调的好，例如面前的美国画家罗斯·布莱克纳（Ross Bleckner）的画。她问，这也叫画？我狠狠眼一瞪，怎不叫！这里看出轨迹，那里看出动律，质感是沉淀的回忆，颜色都在说故事……不是故弄玄虚，有心用心，真的看到。

有碗话碗

寻找日常圆满

　　从此以后，我们不晓得会否永远幸福快乐地生活下去，但有一点可以肯定的，如果两人都端着共同喜欢的碗，手中的分量自当叫大家都平和安心。

　　说起碗，几近疯狂。

　　首先声明，我们喜爱的碗，都是十元八块的便宜货，那些弥足珍贵的北宋青白瓷唐草纹轮花碗、明朝青花番莲纹碗、冬青釉唐草纹碗以及清雍正年间粉彩花卉草虫纹碗，巧夺天工万年宠爱，就让它们乖乖地躺在海内外大小博物馆的陈列专柜里头给路过的人探头端详吧。我和她喜欢的，是真正可以端在手中，有轻巧有厚重，粥粉饭面都可以承担装载的生活器皿。吃饱喝罢，眼瞪瞪望着空空的碗，竟然可以笑眯眯待上半个小时。

　　虽然口口声声呼吁够用就不需要再添新的了，可是碰到碗，尤其好的碗，我们还是忍不住一口气十只、六只、四只，到最近两只两只地买！早在那些国货公司还真正卖国货的日子，定时定刻遛一下瓷器部门是我们的指定动作，青花蝴蝶花草纹碗还有荷叶边碗，小的一个才二元五角，大的也不到五

元，怎能不大批入货。而经典黑地绘花卉的瓷碗（万寿无疆版本的远房亲戚），大汤碗也是二十元上下。

瓷器就是 china，就是中国，老套一点也总是触动心里的一点什么。

当然也不能不逛大丸三越、崇光那不是在地库就是在顶楼的陶瓷特卖场，一大堆碗碟层层叠叠当中总会慧眼挑出极品：黑釉烧成留碗边一道芥黄的扁平饭碗，爱它粗糙拙朴；豆青釉的高大面碗，碗里头却有神来几笔，挥洒出植物纹样……就这样东一碗西一碗，由本地日货百货公司买到人家的东京总店，伊势丹五楼大半层家用陶瓷部是我们的观光重点，有回分别买了一套五只雾青釉碗和另一套湖绿彩碗，都是小小的用来盛前菜的。光吃前菜就饱了，她对我说。不，光看碗就饱了，我笑着跟自己说。碗的故事绕着我们绕着地球转，在法国我们刻意"发掘"的是喝牛奶咖啡的奶白大瓷碗。有回在南部乡下地方，又发现比较少的公鸡瓷碗，这只法国公鸡碗跟自家广东的公鸡碗却又各有千秋，带黄的白釉碗外用丝网印了一只神气活现的蓝色大公鸡，加上碗沿一道蓝纹，简洁可爱。当然忘不了在摩洛哥的公路旁陶瓷摊里买的一批（！）大约三十厘米到六十厘米直径不等的阿拉伯传统图案彩绘陶土大碗，只见售货的随便用根线包裹一下就交货，害得我颠簸一路捧得胆战心惊。之后越来越放肆：在悉尼的历史博物馆里碰上印度风貌展买了四只产自印度的椰壳碗，在伦敦利伯提

百货（Liberty）的地库却又拿起一只陕西的青花高脚大海碗（《菊豆》道具？）不肯放手，还有那些忘了在什么地方路过因种种原因没有买却念念不忘的……

她腰酸背痛，因为整天上两节陶瓷课叫她累透了，可是心里却由衷兴奋。到处买买买碗的日子该告一段落了，如今该是有所付出有所创作。她问我为什么从一而终地喜欢碗，我眨眨眼说大抵是喜欢碗口那小小的圆满，且有能力有准备负担吃喝，日常生活而已。她有点紧张地问，如果我技术有限，努力拉坯也做不出一只圆满的碗，你会对我怎样？我望进她的眼，笑而不答。

五行游艺——向露西·里尔致敬

原来幸福不能够分享。

我觉得自己幸福，同时也替她不能亲临现场感到悲哀。如果我们都在，在这个静谧的展览馆里，一整列长长刻意设计的纯白陈列架上，看得到我们都钟爱都尊敬的前辈女陶瓷家露西·里尔的作品，那该多好！可是——

得知露西·里尔的回顾展览将在这个时候在伦敦展出已是早前一段日子，天意安排，我竟然要赴伦敦出差。登机之前我不敢太兴奋，恐怕她生闷气，可是到了伦敦在巴比肯艺术中心（Barbican Center）展览馆的那几小时真的叫我看得目瞪口呆。

该怎样与她分享这一趟经验？一本目录、数张明信片远远不能补偿，想不到极喜的另一面竟然是这样。也许露西·里尔毕生的金木水火土五行陶瓷游艺，也是企图引领大家去解决一些不一定能解决的问题吧。

二十世纪初在维也纳出生的露西·里尔是我们的第一号偶像。个子娇小的她自三十年代在伦敦闯出名堂开始，直至一九九五年离世，都备受尊崇爱戴。她的为人，她的作品，看来静水深流却每每有异常澎湃的感染力。我从来没有过这样面红耳热心跳的观赏经验，幸好约翰·波森亲自设计的会场都是一味的白，好以平复兴奋跌宕心情，不然我真的不知如何是好。

玻璃缘

美丽易碎的人间因缘

Borek Sipek

我和她牢牢记住听回来的这个故事：马克（Mark）与前妻有一次（也是最后一次）一起到日本旅行，一路上已经神色各异，言语间充塞种种积压的怨气。无心郊游，只好在市区内的百货公司胡乱购物，大家各走各的，分别买回来的几件竟都是玻璃制品——诸如纸镇、烟灰盅、杯子、花瓶等等。不谋而合大家也就相安无事，回程时更小心翼翼地把这些玻璃制品逐件包好，手提登机。

怎知回到机场，忙乱中妻子的手提行李袋被一个冒失旅客撞跌在地，好好的几个水晶玻璃杯就清脆地报销了。回到家中的数天内，烟灰盅、纸镇都意外地被打破。马克心知不妙，对剩下的唯一的花瓶更是呵护备至——那是简单干净的一个透明高身圆筒，瓶口外弯且带一些荷叶水纹，用来插一大束香水百合很是合适。结果有一天，马克在浴室中替花瓶换水时，手一滑，整个花瓶就在面前哗啦跌个粉碎。一个星期后，他与妻子正式签字离婚。

Micheal Boehm

马克告诉我们，花瓶打烂的那一刹那，他其实有一种顿然释放的感觉，他知道这是安排，知道这是缘尽——他与花瓶，他与妻子。也因此，他以后对这些晶莹脆弱的"关系"，多了一份诚惶诚恐的戒心。

的确是！她跟我说，小时候逛百货公司，经过玻璃制品的橱架面前妈妈总

把她牢牢抓住，恐防乱动的她会撞跌那五光十色。可是玻璃也的确吸引我，我抢着说，从收集玻璃弹珠开始，我收集过大大小小的汽水瓶、药水瓶、墨水瓶、啤酒瓶……虽然都是些粗糙笨拙的工业制品，就是喜欢那墨绿或者深褐色的小小气泡——那些凝固了的呼吸，暗示曾经有过生命的流动。

玻璃一向给人冰冷的感觉，办公大楼的玻璃幕墙反映出的，赫然也是都市中一大群冰冷的行尸走肉。但有天我在电视上看到一部纪录片，一个吹玻璃工人把那一团火热的玻璃溶液在熟练地舞弄，熊熊烈火的锻炼后，瞬间静止为永久的冰冷：热与冷，动与静，毕竟是永恒的相对关系。

人与物究竟要有一种怎样的关系？是一种简单的生活上的信任和依赖吧。我身边一直有一个装在灰绒布袋中的小小的 Grey Flannel 香水瓶，买的时候是因为香水中那特有的清爽气味，也因为香水瓶就像一个药水瓶，颜色正是一抹灰绿。每次透过灰绿看一下瓶内的晃荡和瓶外的异色世界，隐隐都有一种感恩的冲动。

她曾经在台北永康街买过两只玻璃小杯，都是当地老师傅的手工制品。一只为水蓝色，颜色从杯口慢慢向下渗，玻璃经过处理，呈现丝丝龟裂。另一只是橘红色，杯口折叠起一波一波的浪纹，如盛开的火焰。两只都是便宜价钱，却有一种高贵的喜悦。

Anita Calero

玻璃往往有一个坚硬的姿态，但同时也是最脆弱的。正如一切留传下来的隆而重之的工艺珍品，一旦打破也只是一堆碎片——无论是新艺术派大师埃米尔·盖勒（Emile Galle）的Cameo Glass，维也纳洛茨（Loetz）玻璃厂精制的晕光玻璃，勒内·拉里科（Rene Lalique）的装饰艺术风格磨砂玻璃，还是当代设计师博雷克·西派克（Borek Sipek）或者安纳斯塔西奥（Anastasio）的七色八彩传统创新，其实都是宿命之下的努力和挣扎。

始终爱玻璃，她和我相视承诺，且小心谨慎地珍惜这一切精致亮丽，因为大家知道，玻璃易碎，心也是。

启示录

创意是寻常工作的另一名字……当工作者存心追求好、更好时，任何工作都将成为创意作品。

——约翰·厄迪克

你不能谈论艺术，你必须创造艺术。

——菲利浦·詹姆森

三个绿色玻璃瓶　一颗提不起放不下的心

爱人爱物，原来一样纠缠。

我经常刻意告诫自己，算了罢了，非日用必需的还是不必上身上心了。就让一切花花在自己的世界里，自顾自灿烂。

灿烂然后枯掉算了，反正都是潮流——但实际上潮流来来去去，却的确有身经百战的，竟然留得下来晋身经典。经典当然不一定价格昂贵，就如面前三个大小不一的绿色玻璃瓶。

跟它们邂逅是好几年前的事了，当然首先还是在杂志上惊艳相遇的。心仪的英国家具设计师贾斯珀·莫里森（Jasper Morrison），一贯以他的轻巧聪明，一手执着简约，另一手提升想象，简单干净又处处刺激好玩。

在他为不同厂商设计了一系列桌椅床柜之余，不知怎的又跑出三个高矮肥瘦不一的绿色玻璃瓶，而这个绿是玻璃才有的绿，瓶口特别向外水平发展。三个瓶站在一起，玩的是比例关系的游戏。用来盛水，盛酒，还是就让它们盛着空气，都悉随尊便各自发展。当然你大可把它们当作三个空空啤酒瓶，垃圾房里多的是。但当你目睹且把它们提在手里，果然有其魅力重量，令你放不下。

多年有缘无分，处处碰面到最后还是怕山长水远，唯恐疏忽打破。某种纠缠，原来不知不觉一生一世。

Jasper Morrison

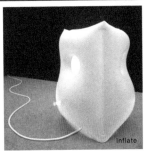

始终塑胶

爱恨边缘正确（?!）选择

都是塑胶闯的祸。

千夫所指，犹有余悸。当世界上懂得说话掌握发声渠道的都忽然政治正确，突然前所未有地统一对塑胶进行攻击抵制的当儿，物料有情（无情？），可会懂得感受人间冷暖：那边厢热卖把你捧上天用到尽，这边厢把你放进电冰箱冻到透任劳任怨，还有一大串似是而非的怀疑和摒弃。——你太多心太滥情了，我对她说。

从来不敢自诩是什么环保人士，我们都自觉，怕的是仗环保之名，糊糊涂涂扮演的是另一种政治迫害。据说是资讯最发达的今时今日，其实有多少讯息是经过预先设计过滤然后发放再以讹传讹扭曲造势的，我和她真的不知道。塑料家族人才济济香火鼎盛，哪个分支是千年不解不灭，遗祸（？！）后世，大家其实都不很清楚。习惯好坏二分的一众，闻塑胶色变，乐于有话题有攻击对象，更捧出先知先觉的伟论，说自小就看不起这种材料，不比木材稳实，不比金属坚韧，诸如此类总有话说。

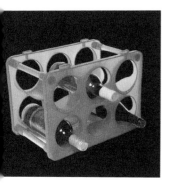

说不上不离不弃，但我却从来没有错怪红A，她幽幽地说。虽然从来没有像身边的小男生，拥有过红A塑胶书箱，且好大好新耀武扬威，但确实蹲在红A塑胶椅上倚着塑胶书桌度过幼儿园到小学的好几年光景，直到人与物一切都不怎么合比例。那年头不知怎的塑料制品都是极浓极艳的颜色。红是大红，蓝是彩蓝，还有一并出现的印花塑胶台布塑胶浴帘，连负责承担装载的手提塑胶袋也出尽三原色，用当今美艺眼光看来当然庸俗恐怖，但总也不必深恶痛绝故意抹掉这一段笑闹回忆。

如果没有塑胶材料的发明，我忽然认真起来：文明设计历史会是如何编写？早于一九〇七年由比利时发明家利奥·贝克兰德（Leo Baekeland）研制的名为Bakelite的新物料，算是塑料的祖宗，好奇地翻一下中文字典，竟然译作"电木""胶木"，分明也是作为木材的一种代替，然而其可塑性可溶性就更适合生产其时风行的流线型产品。在工业设计起飞的二十世纪三四十年代，家用产品中从收音机、留声机、电视机到电话，甚至台椅柜床，无一不换上Bakelite外壳，亮丽光鲜自行促销。第二次世界大战后，塑料的研制更是百花齐放：Acrylic、PVC、Nylon、Polyethytene、Polyurethane……一大堆如今家喻户晓的材料名词都带一个冷峻的科幻（？！）名字，译作中文更是叫人摸不着头脑：聚甲基丙烯酸甲酯、聚氯乙烯、聚酰胺、聚乙烯、聚氨酯……都是一个"聚"字，如今却变成罪，为什么科技总爱开文明的玩笑？如今一众科研人员伙同消费大众，又得怎样再多走一步，把积聚不灭的罪都一一散去，重新在重建的塑料世界里建立起新的秩序，以确保人类物种不致步上灭亡之路——好严肃却又好迫切，都在眼前。

Inflate

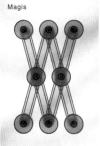

Magis

还记得小时候吹的塑料气球吗?她问我。九牛二虎,吹得腮胀耳痛,且分明感觉吃了一口又一口的塑胶"味精",勉强成形。来来来,再来一次,却又笨手笨脚打不成结,更"嗖"的一声飞到天脚底。塑胶情结,这么多年还是这么纠缠。

启示录

艺术创出丑的东西,常借由时间显出美来。流行刚好相反,它造出美的东西,却经由时间看出丑态。
——尚·考克多

想象不只是不愉快事情的代替,更是真实的预演。世上一切行为都始于想象。
——巴巴拉·哈里森

若隐若现的快乐

天变地变,更何况实验室里说变就变的物料和颜色。

曾几何时塑料的俗艳,说不定是你的童年阴影。可是如今——洗涤,面前尽是干净细致颜色,若隐若现,在此时此刻终于成形。如果曾经对塑料有偏见,倒是个更新审阅好时候。

打正 Authentics 的品牌,唯我独尊,来自德国的产品设计师汉斯·麦尔臣(Hans-Maier-Aichen)牵领旗下年轻一众,从家里的厨浴厅房开始,把家居用品来一个塑料革命——杯、盆、碗、碟、刀叉匙、储物盒、废纸箱、肥皂盒、牙刷与座、衣架衣夹、扫帚菜篮……主动消除大家对塑料的戒心,致力研究环保材料,又为减小塑料厚度,加强韧度和透明度尽心尽力,更以低成本、低定价大量生产高品质的新产品为荣——

致力创建一个公平合理的买卖关系,是跨世纪的一个美妙动作。当你知道 Authentics 这位首脑出身雕塑家,最推崇布朗库西和约瑟夫·博伊斯的作品,而且耳边常常响起的是巴赫和菲利普·格拉斯(Philip Glass)的音乐,你因此明白,面前的明亮轻快原来有根有据,若隐若现更是快乐。

Authentics

银光大道

走出灰冷基本法

她问我接下来想干什么。

我一怔，为什么总是高难度问题？就跟"你还爱我吗？"诸类问题一样，问者不厌其烦，答者每回得有新花样新角度。——我想了一想：想做厨师。

实在不是敷衍，我早知道世上没有一项工作不烦琐辛苦，厨师当然不例外。但想到可以神圣地满足贪婪一众的原始口腹大欲（当然假设你手艺好调味对），叫客人心甘情愿明天再跑几公里去脂减卡路里，那种满足感、成就感实在难得，而且更重要的，我实在为工业厨房着迷：记得有一回恃着熟人带路，钻进五星级酒店的厨房重地，一干大厨侍应在闪闪干净利落的环境，最酷地进行最热情的工作，叫人动容。当然我更一一端详那些银色的灶头、烤箱、洗槽、抽油烟系统、冻肉柜、切肉机、搅拌器，更有仍然是银色的盘碗刀叉，各种说得出说不出的厨房秘密工具，炫得厉害！

我一见钟情心有所属，所以上回装修新居的时候挣扎过要把开放式厨房都来一个银色不锈钢版本。除了在杂志中一睹示范风采，我也真的到过一个跟我刁钻程度

Stelton

Max Shepherd

不相伯仲的老友的银色厨房。一意孤行倾家荡产，爱吃爱下厨的这位同好简直就是住在厨房里，也当然愿意付出一个天文数字去满足自己。——我们翻翻自己不怎么争气的存折，装修动辄港币十万上二十万落的花费，实在未能事事如愿，又未勇敢至找来二手酒楼厨具改装变身，所以还是嘘一口气来个纯白版本。但始终不忘大规模"银"器搜集行动。不是真银，代之而起的是自工业摩登时代一直风行不衰的不锈钢、铝、镀银、锌铁合金……反正是银灰系列的，小件如罐、盒、刀叉、多士炉、咖啡机，大件如炉、抽油烟机、灶头……她也发觉这一连串的"银"器真的与自家性格相符——有那么一点冷，但也很容易与周遭环境颜色配合，与纯白与通透玻璃配对已是一绝，与深棕亚黑相衬更凸显性格，即使与缤纷七彩在一起，也有大将压阵之风。这也许就是私自理解的中性，自成一格不合流，但也不是拒人千里，温和而亮丽，利落且含蓄，引申发展，银不只是一种颜色，银是一种性格和态度。

大量工业生产的斩钉截铁的银色器物相对便宜，但如假包换货真价实的高级银器也是一个美好世界。即使我们没有兴趣也没有能力去收集什么名贵银器工艺，但偶尔经过名店橱窗也不禁驻足观望：就如丹麦老牌银器世家乔治·杰生（Georg Jensen），其价值不菲的餐具器皿、首饰和摆设，都是专用雕刻工匠经年累月的心血结晶。创业近百年，从传统到现代，当中专注而巧妙地做到平衡，也把银制品的纯净朴素与高贵隆重同时显扬，叫人衷心赏识。

银色世界原来天大地大，最叫我们兴奋的是那回在巴黎闯进让·努维尔（Jean Nouvel）设计的阿拉伯世界中心。塞纳河畔的一幢十层高纯钢幕墙建筑，

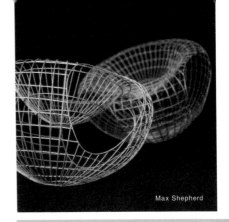

Max Shepherd

银色窗乍远看像雕了传统阿拉伯纹样，近看原来是随日光调节开合的如摄影机镜头快门的银色机关，看得大家目瞪口呆。而同属让·努维尔名下的还有同在巴黎的叫银色钢材和玻璃结了婚的 Cartier Foundation，也是必到之地。更叫我们蠢蠢欲动的，是建筑大师弗兰克·盖里（Frank Gehry）在西班牙毕尔巴鄂市（Bilbao）的惊世杰作古根海姆美术馆，闪亮的钛金属的不规则"外壳"，在阳光之下大胆狂傲，有如一尾跃动的银色的鱼。——银色灵感，银色想象，丰富如此。

启示录

我把我的建筑作品看作一件雕塑，一个空间的容器，一个满布光线和空气的地方，一个对周围的回应，一个跟感觉和精神有关的物体。

——弗兰克·盖里

谈到颜色的处理——要有信心，要小心。
——金姆·乔森·格洛斯

超合金王子罗恩·阿拉德

Ron Arad

不晓得我上的是哪一所幼儿园？她问我。当我们的保姆老师手把手教我们拿起小剪刀剪纸贴纸时，罗恩·阿拉德（Ron Arad）的手工劳作难道就是拿锤拿钢剪拿焊接器，舞弄的是一大堆不锈钢片、铝片和玻璃？

封他作超合金王子实不为过。来自特拉维夫，在伦敦创业，现今一年到头在五湖四海各大建筑设计工地忙碌指点的罗恩·阿拉德，在二十世纪八十年代的后现代风潮中首先以一系列新旧钢材的焊接合成"家具"为人注目。从那种率性的粗犷的金属原始性格，发展下来再开始仔细接合修饰，罗恩·阿拉德的作品日趋成熟也更为大众接受。十年前我可能对这张用不锈钢片"剪裁"焊合的大沙发惶然侧目哗然有声，事到如今我已经懂得去接受去欣赏。罗恩·阿拉德也热衷生产表兄弟姐妹，所以同是用不锈钢材也发展出大小沙发单椅、餐桌、咖啡桌……而且每年在米兰的家具展他都隆重其事推出新系列产品，更乐于与不同范畴的设计师合作。灯光、时装、舞台……都是罗恩·阿拉德的银色实验场。

话说回来，她坐过罗恩·阿拉德设计的不锈钢沙发，绝对没有被看来会伤人的焊接口割伤，但也建议有需要者自备小毛毯，因为事实上，这张沙发真的太冷。

还我清白

一穷二白基本法

我有两个小秘密。一、我不可以裸睡。有一回贪玩脱个精光就睡，半夜把被踢得老远，当然着了凉患重感冒病了整整一个星期。二、睡觉时，我只能穿白，白的T恤、白的内裤，而且要全白，衣裤都不能有颜色图案条纹，甚至胸前小小商标也会叫我不自在，睡不好。如果我就此睡死过去，我笑着对她说，也都干干净净心安理得。

Ivano Redaelli

当她决定和我生活在同一个空间里，她开始更加认识了解身边这个男人。在外头我忙得要命，一天到晚跟各式人等周旋、跟朋友玩乐，眉飞色舞精力过剩停不了，回到家却马上变身，卸下武装以清白示人。我的衣柜里过半的恤衫都是白的（另外的当然是各种蓝和黑），内衣裤一律都白，还有各种白色的运动衣物，白的浴袍，白的床单被罩、枕头套……小小的屋内走一圈，墙壁刷的是带轻微小麦色的白，厨房、浴室墙和地台分别铺的是亚面小方白瓷砖和磨洗过的白色纸皮石，窗台用的是千辛万苦才找到老师傅肯替我做的几近失传的白色手工水磨石。跟这个嗜白如命的男人在一起，她大抵觉得安心。

Casamilano

Ivano Redaelli

　　我倒没有认真想过为什么自己情钟于白，其实花花世界一万几千种颜色我都不抗拒，四时心情红黄蓝绿都各有依归。但白这种无色之色，就像一切颜色之始，可以包容，映照衬托周围各种强弱颜色，既中性又极端——白色本身也可以有无数细致的色相。有回跟一堆艺术家朋友在一起，酒过三巡他们在说软的白硬的白、重的白轻的白，还有白的冷暖、白的新旧，甚至白的生死，我听得有点糊涂但也像略有所悟。白得有变化，白得有道理。印度典籍说白，轻易概括地把白分作象牙白、茉莉白、檀香木白、月白、水白，既形象又诗意，还隐约有声音有味道。我躺在床上望着白色天花板，胡思乱想——某年王菲的一张唱片，包装设计玩的是从外到内的白的游戏，也叫作《胡思乱想》呢。

　　由它一穷二白地开始吧，没有什么大不了。我自问不算是很整洁的那一类，累了烦了把东西随处乱放是平常事，日积月累愈加烦躁愈加没办法。如果给你一个白色的空间，大大小小一堆白色的家具杂物，她笑着跟我说，就看你怎样改过自新，怎样接受这个白色的整洁再教育了。

　　我们都再不是白纸一张了，她突然有所感触地对我说。不打紧，白色圣诞也实在太冷呢，我回答道。其实是在自言自语吧。然后有一句没一句地，她记起小时候噔噔噔跟妈妈走上天台看太阳底下随风扬起的白色床单晾干了没有，把刚刚干了的床单搂在怀里，拥着一身阳光气息。我记起那年和她在纽约从下城走到上城，大大小小画廊博物馆一间又一间地逛，看的是什么画什么雕塑装置都忘了，印象最深的却是展馆四壁涂白了的墙：透过偌大的天花玻璃，日影在墙上任意游移，明暗变化

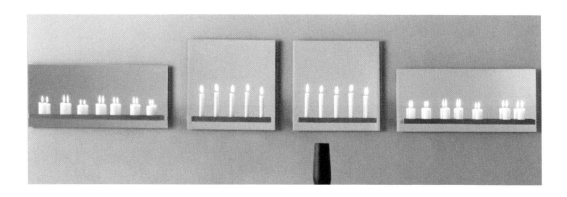

比一本正经的艺术品还要好看……

如果笼统地说白就代表了平淡恬静闲适，也未免太看小了白。还我清白，白是个又刺激又丰富的开始。

白色宣言

说起他，我们都又爱又恨。

她嫌他太胖，我嫌他太多姿势，风头太劲。但冷静一点平心而论，他的创作确实又处处带惊喜见幽默，在一众一窝蜂地吹捧他的时候，也许更应擦亮眼睛肯定他值得肯定的吧！他，是菲利普·斯达克。

前事不提，她对他在迈阿密为老拍档伊恩·斯拉格（Ian Schrager）设计的小酒店 The Delano 很有好感。斯达克今回刻意洗尽铅华（也是一种噱头呢，我认为），从大堂到走廊到客房到卫浴室，一概为白。反正是度假，都应轻飘飘，让这难得的分分秒秒都浮在大气当中。反正外头阳光海滩加上经典装饰艺术风格建筑，五颜六色多的是。白，是个聪明的选择。

斯达克一方面戏言这个酒店是累坏了的超级名模的藏身之所，另一方面又认真地说整个设计重感觉轻视觉。我倒觉得一向习惯把到过的酒店装潢抄成自家家居的一众有福了，这回总算有个好榜样。

继续亲棕

还给自己一点颜色

天大地大，果然藏龙伏虎，她突然对我说。

想不到几十米之遥，有这样一个完整统一的私人空间。我们都认识的一个朋友H，最近搬到同一个社区，也就住在紧贴的隔邻。有天我腾出空当（其实是一向好事），跑到H的新居转了一圈，一看方知厉害，小小四五十平方米空间，开放式没有厅房间隔，没有任何念得出名字的设计师家具玩意儿，退去了时髦噪声，却义无反顾地用上了形形色色的蓝：天蓝的墙，海蓝的地毡，普蓝的沙发，婴儿蓝的大门、浴室门和窗台，牛津蓝的床单被褥，连墙上挂的唯一一张画也是抽象的好几个蓝的变调……我尝试逼一向腼腆的H一一分辨出面前叫人欢喜的蓝的名字，H笑着婉拒：真的不懂得这叫什么蓝那又叫什么蓝，反正从小就喜欢蓝。从衣服到用品到家具环境陈设，只要是蓝，都舒服都安全，都叫人安静……

铺天盖地的蓝，当中微妙的布置平衡，完全是H自家生活智慧写真。爱一个颜色爱得完全投入，在这个杂色纷呈的年代里，竟如稀有品种，不受保护却乐得自己保护自

己，挣扎成为某种意义上的贵族。钟爱蓝色我完全认同，蓝得平和，蓝得轻快，蓝得深沉，蓝是我依然依恋的过去色。要问我的现在进行色，她会绝不含糊地替我回答：棕色。

为了表示我的亲棕意向并不是跟风趋时，我特地翻了《辞海》，探本寻源去印证自己的忠诚——棕色就是棕榈树棕毛的颜色。棕色也就是褐色，褐是古时贫贱人所穿的兽毛或粗麻制成的短衣，褐也就引申成为贫苦者的代号……或棕或褐，来自朴实无华平民低下层，难怪一向给人稳厚实在的感觉。色调色温色相、深浅浓淡明晦冷暖万千变化，色是一种心情，反映某个生活状态，联结日常种种感觉。自己选择的颜色就代表了自己，杂志上看来儿戏的心理测验不无道理。

继续放肆地抄来一堆棕褐类颜色的分门叫法，我一边念给她听一边叹为观止：红棕、黑棕、朱墨、鼻烟、古铜、栗色、绒色、芦酱、枣酱、京酱、墨酱、茶褐、金茶褐、秋茶褐、酱茶褐、茶绿褐、沉香褐、丁香褐、鼠毛褐、麝香褐、鹰背褐、鸽颈褐、砖褐、银褐、毡褐、驼褐、藕丝褐、葡萄褐、葱白褐、豆青褐、荆褐、艾褐、霜褐、露褐、棠梨褐、油栗褐、檀褐、枯竹褐、山谷褐、湖水褐、莲子褐……每念一词面前便出现一个画面一个颜色，或清晰或模糊，叫人都有继续追寻细致分辨的冲动。颜色肯定是一门精深的学问，但也不妨就把这个喜好放回日常中去细品享受。我的棕褐色世界是一室木头 DIY 家具、两把伊姆斯的经典单椅复制版、一尊小小的檀木行僧雕像、一束

B&B Italia

附有藤织小套的玄木筷子、一方温暖的驼毛薄毡、层层叠叠的牛皮纸瓦通纸文件盒、一双舒服的麂皮旧鞋，走出家门有台北的诚品书架和地板、京都的本愿寺清水寺三十三间堂……

继续亲棕，说到底，值得。

启示录

当一个人说他厌倦了生活时，你可以确定是生活厌倦了他。
—— 奥斯卡·王尔德

生活不是选择。有些东西来了，有些不来。许多的选择在选择你。
—— 卡尔·瑞兹

亲棕宗亲

翻杂志就有这样的乐趣——翻出一面镜，翻出一个同党，翻出宗亲会里的一个远房亲戚。

某天某人匆匆来电，叫我们赶快翻开新鲜热辣伦敦版 *ELLE* 家居杂志，我们这边厢和远方那边厢竟然这么像，都是一大堆棕褐色的家居装置组合，都是钟情干净利落的形体，都选择了白作为衬托……我当然知道好此道者大有人在，也乐于见到同道大方公开私家隐秘。——伦敦的一幢老房子彻底翻新，汲取来自香港、受学英伦的建筑师 F 及他的西班牙籍妻子 R 的心血灵感，把两种文化的精华启示结合现代生活触觉，展示在大家面前的是叫人安乐畅快的一个生活模式。情系棕褐，我相信这位宗亲一定有根有据，且以其建筑设计的专业修养，把自家喜爱的推广到公众里去。我们后来在伦敦的时装名店约瑟夫（Joseph）男装部看到 F 的一组原木家具设计，稳实厚重有大将之风，分属宗亲，实在叫人暗暗骄傲。

还是喜欢蓝

心平气和自在颜色

始终忘不了那一天，坐在电影院里一个多小时面前是一片蓝。

一片纯粹的蓝，德里克·贾曼（Derek Jarman）的《蓝》（Blue），我和她崇敬的诗人、导演、斗士贾曼的遗世之作，以无止息的单一蓝呈现观众眼前。耳畔是从天外室外街外涉入的谈话、独白、杯碟碰撞声、行车走路声，偶尔有编排好的音乐。我们睁开眼，尽量睁开眼，企图从这片蓝里看到一点什么。什么都没有，什么都有，一切个人的集体的、政治历史文化、大道理小插曲，都在这片蓝中浮现凸显隐退消失。为什么他选择的是这样的一片蓝？我和她问自己，然后也肯定知道，除了蓝，别无其他可以取代的颜色。

几百页厚的色彩研究专著会以专家权威身份告诉你，从色彩心理学的角度，红黄蓝绿各种颜色，深浅浓淡明暗，分别代表什么象征什么影响什么，然而在挑剔这些专家学说的笼统与概括之余，我们还是决定相信自己的眼睛、自己的感觉。千

Pascal Mourgue

色百彩，环境地点、时间心情不同，本就有无尽的变化，可料不可料，可知不可知，没有理论没有文字可以具体而微地一一说清楚。

我觉得自己是开放的（也是贪心的！），基本上任何颜色都可取，都有配搭得宜的可能，懂得挑选安排取舍是一个有趣的游戏。她会比较刻意坚持，在不抗拒"外面"的颜色的同时，她会介意放在身上的环绕身边的颜色是否一致协调，是否跟自己的脾性和日常活动节奏统一。活了这么多年，经历了这么多颜色，总该知道自己其实是什么颜色，不是厉害颜色不打紧，鹅黄桃红嫩绿留给其他老的少的，给我灰黑白，给我卡其，给我棕色，当然少不了蓝。

看天看海，目的是可以在四时不同的蓝当中找到开阔，找到静谧，找到幽微，找到凶悍，甚至像德里克·贾曼一样，找到终极的永恒的全能的蓝。现世的物质的蓝，最亲近的莫如牛仔裤，崭新的破旧的，松身的贴体的，早就已经是一个属于公众的蓝，当然还有普鲁士海军蓝、水手蓝、民间蓝印花布、中外青花蓝白瓷器、婴儿粉蓝（以美国强生为准？），玻璃的、水晶的、塑料的、霓虹的都有其注册的标准的蓝。从暖到冷，从厚到薄，牵动各种细致情绪，大家都愿意依赖愿意投入，因为蓝，始终亲近始终舒服。

蓝是开始，蓝也是结束——
You say to the boy open your eyes
When he opens his eyes and see the light
You make him cry out, saying
O Blue come forth
O Blue arise
O Blue asend
O Blue come in
德里克·贾曼，对他愿意厮守的蓝与男，曾经如此这般颂赞。

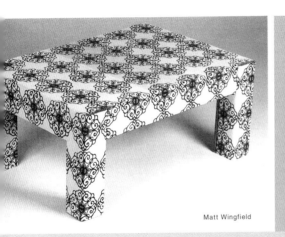

Matt Wingfield

启示录

　　光线与阴影有助我们对物体的了解，颜色则有助我们对物体之想象与感情。

——约翰·罗斯金

　　"好"是"最好"的敌人。

——史蒂芬·柯维

此蓝不同彼蓝

　　翻开杂志，掀到这一页广告，她笑了。

　　一只藏在背后的手，把握着一个冀盼、一个承诺。不，我说，说不定是一个挑逗引诱、一个欺骗、一个阴谋。我倒不介意，她瞪我一眼。

　　蒂芙尼的一个钻戒广告，宝物不现身，出场的是更具权威的标准颜色。这该叫作什么蓝？算了，就是蒂芙尼蓝（Tiffany Blue）。如果我得不到当中的钻戒，她跟我说，最少也给我这样一个蓝色的盒。

　　如果你真的要一枚蒂芙尼的钻戒，我说，恐怕我得加开三班，手中常常握着的是一包揩汗的纸巾，得宝（Tempo）也是T，商标也是蓝。

世纪末迷墙　鬃不鬃由你

　　我忽然想，其实自己是否有点懒？

　　美其名曰简约，住的房间穿的衣物以至吃的用的，来来去去白灰黑棕几个颜色。没错，也错不了。蒙着头乱配搭也不会发生悲剧惨剧——因此很现代，很现代人的懒，懒得有点闷。

　　毕竟也是游戏，她最爱乘虚而入把我数落一番。太认真太有规则也不好玩，所以当我坚持要素白墙壁、深棕色地板而且室内空荡荡的时候她并没有反对，却暗暗筹组小道具，例如不同大小颜色质料图案的台布餐巾杯垫，不同形状物料的花瓶盆罐，以至十元八块的街角塑料小玩具，收放自如出其不意眼前一亮，好让某些需要的日子可以脱一脱轨、开一开玩笑。这可是道行更高深的平衡项目呢，她满意地对自己说。

　　即使是白墙一堵，我也常常反问自己，究竟鬃的该是带暖黄调子的雪中小麦、带淡红的雪中玫瑰，还是带冷

调的雪中苹果？一时糊涂也倒真希望有人雪中送炭给点宝贵意见。好歹做了决定，其实也发觉所谓白，也会反照家里面其他家具组件的颜色，更因四时光影变心，其

丰富其不可料，自行发展出一种私家观赏乐趣——

哗，不得了！她指着白墙上面细细一道裂痕大叫大嚷。先不要大惊小怪，我说，装修师傅早就说过，墙身干妥收缩，表面髹的油漆有可能会断裂。尤其是自行间隔新砌的墙，又或者不同物料之交接处收缩时间和程度不一，就更容易断然裂开。固然可以重新批荡整理再髹新漆，但日子久了还是避不了有此一裂。

那也就算是生活的痕迹，只好如此解释。如果我们都可以轻松一点随便一点，当然可以把这些小瑕疵都看作装饰趣味。我记得有一回在纽约，到东村去找一个中学同学。老房子小小的，木头地板竟都严重地倾斜。同学正在念电影，也爱拿起画笔乱涂一点什么，正好上一回租客是个画家，地板墙角都留下斑驳的油彩痕迹。老友见面喝得天昏地暗，半醉中也各自拿起笔在原来的油彩位置继续发挥，像从前在课本里无聊涂鸦，好不快活，顾不了白墙不白墙。说起来她也曾经在朋友家中靠窗墙角目睹自行生长的现代水墨——暗绿的青苔沿着渗水的窗台蔓延生长，加上日久剥落变色的好几层油漆，斑斑驳驳，泼墨山水中又见金碧山水功架，粗细并存引发无穷想象，自然魔法倒真的是一切艺术的源头。

也许还是选择髹一室白墙，但不妨也腾空一堵还以厉害颜色——可真有人精心计算，用不同颜料不同物料不同处理对待不同的墙，但毕竟都是室内景致，容易露出雕琢痕迹，总不及露天的墙经受日晒雨淋，扑面尘土霜雪，这些历史遗留下来的纹理颜色，大场面大制作叫人目瞪口呆。

也许不能再懒了，我跟她说，找个时间面壁对墙想想法子：长城城墙是古代史，柏林围墙是现代史，威尼斯的转弯抹角、长洲坪洲的地道本土，都有故事，都有启迪，墙在长有。

CY Twombly

涂鸦老顽童赛·托姆布雷

实在越弄越糊涂。

当我和她翻开那些讲解现代艺术名词和作品的辞典，无论是中是英，碰上那一堆"同步主义""绝对主义""漩涡主义""集合艺术""波普艺术"的似是而非的名词解说，总是逐字逐句看罢难明难消化，倒不如就推门闯进去问自己：喜不喜欢？

好？不好？这确得留给有识之士去评说了，我们只能做到尽量开放心胸，看看会否受感动。无论具象或是抽象，成功的都有那么一种慑人的撼力。记得某年在纽约，两人目瞪口呆地站在偌大一幅有如暗绿粉笔涂鸦黑板的画作面前，良久，也说不出为什么这样喜欢，当然也因此牢牢记住了赛·托姆布雷（CY Twombly）这个名字。

赛·托姆布雷一把年纪，是二十世纪五十年代美国"出走"到意大利的知名画家。管不了他是什么派别，他的大画小画都像极了涂鸦。就如我极心仪的一组作品，根本就是课堂里破旧黑板上的写写画画。有说人人都可以做艺术，赛·托姆布雷的作品正好说明这话三分误导七分真，借来现实生活迷墙中的斑驳历史颜色，聪明的就可以转化建构起个人空间成私人语言，在涂涂抹抹的过程中，刺激了一众，完成了自己。

我有我图画

活在线条与颜色当中

Rolf Sachs

Ross Bleckner

　　家徒四壁，真的，已经三年了。想不到我们已经在这里住了整整三年，她有一天突然跟我说。也说不清楚究竟时间算是过得快还是过得慢。快，是一切看来杂乱无章的无时无刻不从四面八方涌过来，你要应对、要接受，把一切都先找一个临时位置安放，以便日后再处理。物如是，人如是。慢，是确确实实的分分秒秒，一切都得积滤、得沉淀，有些决定原来不是那么容易，过了那霎时冲动，原来可以有更长的时间、更大的空间去考虑去安排——

　　所以我们一直都家徒四壁，我笑了出来，她当然明白我的意思。一直收集大大小小的艺术品，有油画，有水彩，有素描，当然也有中国书画，有小件的雕塑，也有陶艺作品。从来没有考虑是不是什么名家杰作、有没有投资价值，都是问心喜欢。是某片颜色，或厉害或含蓄；是某段线条，或轻快或狂妄。组成的形体、构成的画面，创作人由心出发，以无法量度的决心信心，一笔而就也好，反复层叠也

妙，看的人被感动了，看到、听到、触到甚至闻到——她最喜欢用"气味"两个字。最难得也最高兴的就是能够生活在相同的气味当中，挑一只水杯、一个枕头套，买一幅画，听一段音乐，挑剔的介意的都在是否有互相协调补足的气味。

也就是这样一直一直收集，却很难决定甚至不去决定究竟把哪一件作品挂在墙上放在桌上，因为都爱，也因为空间太少，担心厚此薄彼，也担心忙乱中不能好好照顾打扫，心爱的创作如果只变成了厅中房里的布景板或是过场道具，实在不应该。事情没有解决，目前的状况是收藏、继续收藏，好好包裹安放，却让室内依然白墙对白墙，一颗画钉也没有敲过。这个决定对吗？她常常问我。

心血来潮，我们还是会突然把一众至爱都请出搬来，仔细端详。心满意足后再整整齐齐请回去，我最懂得自嘲解困，笑说这是另一个层次与境界，墙上无画心中有画，即使将来（？）住的地方大十倍，说不定也是用这样的方法去拥有，拥有不是为了展示。噢！她只能这样反应。

这算不算是一种洁癖？她有一次问，怪怪的，把一切斑斓的、狂放的、细致的、精巧的都乖乖收起来，不落痕迹。我争辩说不，有朝一日解除武装，一定缠住早成知己的艺术创作好友，拜师学艺，说不定现在空荡荡的厅房就正好变成工作室。我们都爱到人家的工作室去串门，将完成未完成的创作最有生命最好看，还有东歪西倒的工具和材料，随意贴放的资料灵感，未吃完的蛋糕，喝不完的红酒，墙上斑斑驳驳的创作历程。他们真的是生活在颜色和线条当中，我悄悄跟她说。对，还有气味，来，让我们一起深深呼吸。

陶㐀棠 Pui Yee Lau

启示录

美丽描绘了快乐，精准就是喜悦。
——艾格尼丝·马丁

艺术是一种出类拔萃的精髓——刹那间扩大放大。
——特伦斯·康兰

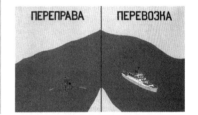
Yuri Lederman

简约婆婆艾格尼丝·马丁

八十岁了，穿一件泛白的 Polo 恤，一条牛仔布吊带工人裤，手持画笔和颜料，艾格尼丝·马丁（Agnes Martin）笑了。

真难得，她羡慕地跟我说：有朝一日我们也八十岁，我们会怎样？会像她一样满足快乐吗？我们要的是怎样的满足、如何的快乐？

一笔一画，艾格尼丝·马丁的画笔之下没有曲线。她深居简出，美国新墨西哥州圣菲郊区的天光云影，在她的巧妙安排之下，呈现在作品上是暖和的冷静的色块组合——简约，抽象。从二十世纪六十年代名噪一时到如今已成殿堂传奇，偏又远离纽约自在自得，她老当益壮，从日常平凡中整理出精准细致，轻重收放都是经验是智慧。

如果有一日，我能够拥有一幅半幅艾格尼丝·马丁的画，我贪心地，认真地想着。

略知皮毛

兽性小放纵

我知道，我与宠物无缘。

不晓得"宠物"这个名词出现的那个时代，宠与被宠的界别有没有掀起过一番激烈争辩？政治正不正确？身份关系该是怎么样？宠的也许是人，也许是兽，但一律都还原称之为物，如果习惯把物都降为次人一级，实在不太对劲、说不过去，因为无数人对待宠物比对待自己还要好，了解宠物比了解自己还要多，宠爱在一身，比痴情更甚。

但我自少就挫败，养鸡死鸡，养鸭死鸭，连金鱼也挣扎活不下来，同学养兔、养鼠、养龟，我都不敢再试了。自问爱心泛滥，看见一街流浪猫、流浪狗都想一一带回家悉心照顾，可是又偏偏容易对动物皮毛敏感，眼泪鼻涕直流，还要皮肤敏感搔得红一块紫一块，看起来比那些小猫小狗还要可怜。告诉自己，还是先学会好好照顾自己吧，连自己也照顾不来，如何去宠物？

她倒是另一个故事。她怕麻烦，自小被宠得高兴快乐，却没想过要分一点爱出去，要照顾猫猫狗狗的饮食消化吸收排泄也够恼人烦人的，还有那一屋挥之不去的狗味猫味，总叫人昏昏闷闷的，说不定还有蚤，还是乖乖地疼自己来得干净利落。

　　难怪我们都长得白白胖胖，我玩闹打趣跟她说，省了狗粮猫粮。我们两个在家里吃得好好的——你是我的宠物，我是你的宠物……你在说什么？！她瞪眼望着我，拿我没法。如果你要做我的宠物，她说，得赶快披上一身皮毛，喂喂，来来来——

　　说来也是，披上厚厚暖暖的皮毛（管它是真是假），就多一点温柔，也同时多一点兽性。我直觉多少人跟宠物建立长期厮守关系之初，恋恋的是那来回顺逆抚摸都舒服得不得了的皮毛，当中有多少心理上的生理上的愉悦很难精确计算，那算是一种复杂的情结吧。人与兽，隐隐有一种动物性的联系，披上羊皮也好狼皮也好，返祖归始是每个人心底深处的欲望。

　　先不要算时装的账，无论动物保护分子喊得震天响，一众潮流领导者还是甘当刽子手，纵然已百般解释皮毛来源出处，但种种指责误会控制已经把事情弄得好复杂。究竟什么情况之下获取的动物皮毛才对得住天地良心？我们都一时回答不上来。

　　但这股对皮毛的迷恋看来一发不可收拾，尤其是新奢华（new luxury）的风气越吹越盛，管他春夏秋冬，从客

厅到睡房以至浴室，大大小小各式动物随地随椅随床，变成坐垫的、豆袋的，做成被铺床盖的，更是花样百出。说到售价，似乎更是越贵越有人注目垂青，大家的心理也不难测，总不想一觉醒来，室内处处都飞扬散落着粗粗细细纤细柔弱的毛吧！

究竟要不要都趁热闹来一张拥着躺着？我们一时还拿不定主意，我只是在想，如果家里有一只猫或者狗，眼见主人有新宠，不知会不会心生愤懑醋意上扬，与皮毛大打出手不可收拾？！

Wanda Mille Mille

Paola Lenti

另类温暖

老实说，真假兽皮毛有它柔顺华贵的一面，但从健康卫生角度，倒真要经常打理清洁，其藏污纳垢以至滋长细菌的可能性绝对不能低估。

如果真的是怕皮毛，却又念念不忘那暖暖厚厚的触感，近年大热的压绒（felt）倒是一个另类选择。

本来压绒就是压绒，但自从前卫装置大师约瑟夫·博伊斯的压绒装置在文艺圈备受推崇以来，压绒的应用日渐普及，衣饰、手袋、拖鞋、帽子都先后有压绒登场。家用品不甘示弱，从杯垫、餐垫到保暖杯套、壶套都用上压绒。面前的系列更打洞透气，叫这传统手工物料再一次摩登起来。

皮欲生涯

养精蓄锐小放纵

你的脑袋里一天到晚都是性，性，性……她有好气没好气地跟我说。总比你老实，我反驳，谁会像你脑袋里一天到晚都是更危险的爱，爱，爱……性和爱不是两个人之间的事，如今时髦拿来当每日公众议题，是进步还是退化，甲乙丙丁各执一词。性可以是欢愉，也可以是骚扰，爱何尝不是，加上两者都可以拿来卖——我的意思是，我说，卖广告。

Flexform

我们窝在沙发里，翻着翻不完的新杂志。我爱整理归类，一边翻一边人脑分档分析。你看，十个广告有八个卖的都是性感，性感的衣装，性感的香烟，性感的香水，性感的冰淇淋、巧克力，性感的汽车和酒；其余两个卖的是性本身，男体女体出动，卖的是什么产品甚至都不重要，挑逗大家仅余的兴奋，相信最原始的冲动等同购买的冲动——我猜，这个广告大抵是在卖沙发。

一个精壮而且标致的男子，裸身蜷在黑皮沙发里，黑皮擦得锃锃发亮，摆明车马撩人，男体也蓄势待发，筋肉暗示明示，淫而且乐。——你错了，她跟我说，这里一行小字，卖的是电脑。

De Pas, D'urbino Lomazzi

De Pas, D'urbino Lomazzi

乱投射，反正满天都是飞箭、符号、符码，诠释、反诠释。消费大众无自觉，乖乖地拥抱排山倒海一切视觉听觉触觉文字意象，有性有爱，有欲有求，窝在沙发也蠢蠢欲动，何况那张黑皮沙发实在性感。

尽管街头巷尾一年四季意大利名厂真皮沙发三座位降价至四折，我们总是相视一笑就跑开，如果这也叫设计，你只有摇头叹息的份儿。谁又在说没有所谓好与坏，只有喜欢和不喜欢，但分明大家心里有数，多了一分嫌多，少了一分嫌少，设计坏了就是暴殄天物、浪费资源。同样的物料甚至同样的手工，就是因为少了用心、缺了用脑，高矮肥瘦看来看去总是这里那里有问题，长宽高约二点八米乘一点二米乘一米的庞然大物，十年二十年保用好好不变，对人对己对这个世界都是负累。

Flexform

然而找对地方你却会发现天地有别，上好的皮革原料，细致温柔的无数次染色打磨，恰当的形体结构大小比例，机缝手缝的惊讶细节……这才叫性感，这才值得爱。

无论是新制成的有那么一种皮革独特浓烈气味，还是久经岁月磨炼花花白白见真正颜色，皮椅皮沙发都强烈地表白身份地位性格。一方面是最古老最原始的一种人类发现利用的物料，可以最直接最率性地以第二层皮肤姿态出现，挑起依然存在的"兽性"；另一方面也站稳最高贵最精细最讲究技巧手工的超然地位，以陪伴一生一世甚至几代的承诺，开天杀价，然后你的结论还是觉得值得值得。

Emaf Progetti

面前黑皮与不锈精钢以及铝金属架的配搭，利落分明早已自成经典。那边看来笨笨重重的超级单座位棕褐皮草原色沙发，也是活脱脱的传家宝。看来要再兼一份什么职，储上个一年半载钱，我清楚知道，她跟我说，我要的不是陈列室内惊鸿一瞥一夜情，我要的是由始至终的长久性爱关系。

启示录

每一位读者或者观众都是一位新的合作者，以自己的生活经验，他将写下自己的剧本，符合自己的创意。

——罗勃·安德森

在一个失去秩序的世界中，你总得有些秩序。

——法兰克·瑞特

高档异类

有人生活在广告世界里，自编自导自演自怜，甘心做人版模特，一心在卖卖劳什子产品的同时卖卖自己，自知有价无市也勉强支撑，"活出真我"（Be Yourself）只是句写得精彩的口号。

有人真正地活，而且生前甚至死后的影响越见厉害，行事作风、原则态度以种种方法渗透留存，一人变成一支军队、一个网络，殊不简单。

我忘了在哪里撕下这样一张照片，已故德国装置实验祖师约瑟夫·博伊斯罕有的一张家居照：博伊斯自由自在工作，一大堆草图方案铺散一台一地，难得的是给我发觉他用大块大块的皮草铺于地上，当是地毯，当是地板，耐用实用，果然是地材的异类选择。我也留意到博伊斯坐的是七八座位的真皮长沙发，粗粗壮壮身经百战。艺术、装置、生活三位一体，不卑不亢，皮与欲的又一新境界。

交织新旧世代

竹的工具与弹性

Yutaka Suzuki

终于想好了！她一进门，早已在家的我冲着她煞有介事地说不去舞会不搞庆祝，也不必再烦恼究竟应该在纽约、上海还是台北，就让我们都好好地留在家，只有我们两个人，除夕之前多拿几天的假，来个真正的大扫除——新旧交接，总是有种种刻意的清洗决裂，同时有种种未知的渴望与冀盼。如果你选择的是集体活动，你感受经历的是一众互相刺激发放的能量，肆意狂欢澎湃。当然也大可留一个时空给自己，执子之手面对面，冷静平稳过渡，在相对的静寂中回顾前瞻。我们选择这样的一个做法，也很实际——因为好久好久没有真正地收拾房间。

去什么旧迎什么新，其实又回到生活的一些基本动作：什么要执着什么要放手？什么是根深蒂固什么是怎样也留不住？我和她常常互相揶揄，三十岁后什么都打算丢掉——心知肚明体内深处积存太多的毒，臃肿腐败，有违轻巧简洁原

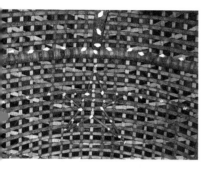

则，有用的积存过剩也等于无用，倒不如常常自问，什么是身外物什么是必需品。吾日三省吾身，我常常愿意理解作沐浴过程。

但有趣的是，旧与新在此时此刻当有不同定义，她随手捡起餐桌上的一小块杯垫，竹篾编织手造，典型民间传统工艺，分明的旧，却又叫人爱不释手。她知道这并非把它当作古董古物，而是佩服它一直存活在日常生活当中，含蓄实在，与后来的彩色玻璃的、艳丽塑胶的不同档次不需做比较。

经她这样一提，我也在认真地想，在外常常去看去问，每趟都会特别留意各地设计者怎样演绎传统工艺，当中当然有大量不忍卒睹的，扭曲扼杀，罪大恶极，但也实在有少数有心有力的，可以在承继传统的基础上，把当下的生活形态的感觉注入设计当中，活出一种延续的平衡。纵横交错，有条不紊，理想生活，本该如此。

大扫除用心用力，竟又拉扯出这样严肃的问题，也真够累的，她跟我说。事实也的确更复杂呢，我耸耸肩，要轻松也轻松不来，就像近年欧美流行的一股东方禅意简约风潮标榜的是回归自然、寻找自我，对传统物料素竹和手工再度推崇，但背后也就是在东南亚国家利用廉价劳动力大量生产，有形无神，粗制滥造，标价奇高，却真不是个三言两语的小问题。

古人说无竹令人俗，她若有所悟，看来今天是有竹也可以很俗，就看你把这富有象征意味的物料，安放于自身生活中一个什么位置。

Yutaka Suzuki

别府不只有拉面

管它政治正不正确，她突然对我说，如果可以选择可以投胎，我的确乐意试试做个日本人——

从来只有做游人的份儿，说不定一朝长驻日本精通日语，才可以真正深入他们的日常生活。但就以外人观察，总觉得他们对传统工艺的尊重和保存，对工艺创作者的保护和肯定，远超亚洲其他国家和地区。说得夸张一点，家国民族精神，也就存在于面前的竹制器物当中。

别府不只有拉面，其竹细工也一样的精细，且有张力有韧力有弹力，将传统之美融会贯通应用到此时此刻，当中需要的是执着和坚持，总得有热心热情，情事才会发生。

藤器时代

编织生活轻重软硬

我想睡觉。

　　午饭后柔柔有一种倦，从微微隆起的胃腹转个圈从脖子往上爬，到了脑袋某一处缓缓散开，然后整个人看得模糊、听得恍惚，要睡了，要睡了，该找一个地方依靠一下。棉布沙发太舒服担心一睡不知时日，还是跌进那张从父母老家搬回来的高大藤椅，不软不硬小睡片刻，唯一要小心的也是屡试不爽的，睡醒来手上脚上都有"烙印"，想洗脱贪睡的嫌疑却不能。

　　听说藤器家具卷土重来呢，她有天跟我说。我倒从来没有把藤器遗忘掉，我竟然斩钉截铁。还记得小时候那些半圆、椭圆、锥体的藤椅吗？靠几根焊合的钢管支撑起椅身，即使是天然原色的藤织片，整张椅也多少有点太空科幻味道，后来更有好事者把细细藤条都换成塑料扁绳——那又是另外一码子事了。

　　由简单的藤椅出发，发展开来可是整个家族：从矮矮单椅到二人三人沙发的底座，还有茶几杂物架，甚至衣柜书柜。至于用各种粗细不一、经过或未经过打磨处理的藤条编织成的箩筐，更仗自然手工之名（实在也有

不少早已是机械制作！）进占千家万户的厅堂厨房卫浴室，或装饰或实用，也算是历久不衰。

可不要忘掉夏天忽然出场的藤席呢。远在那些没有空调冷气当道的童年日子，当隔得远远且转动得不太灵活的电风扇也都败下阵来的时候，幸好还有通透的、叫人凉快的藤席，经纬交织出简单的纹理，日久肌肤接触，却更打磨出成熟光泽。只是夏去冬来，藤席往往在卷折储存的过程中断裂——当然也有技艺超凡的老师傅能修补于无形，即使斑斑驳驳，也都是岁月私家历史。

还有那叫人痛恨的藤条，我幽幽地说，看来这是藤器用品当中最令人不快的经验了。顽皮捣蛋死性不改，藤条笞印与童年同在。这种酷刑可能早在石器时代已经发明，她笑着说，我倒忘了有多少次瞒着大人亲手把藤条人道毁灭了呢。

然后有这么一段日子，藤器家具悄悄地被迫（？）躲到某个角落。二十世纪八十年代一窝蜂地好新好奇好名牌，藤器是很少被设计师眷顾的质料。谁说金属、玻璃、石材、木材甚至皮革才可以千变万化，可大家偏就是对藤料有不必要的歧视。直至大家团团转走了一圈又一圈，厌了倦了突然惊觉近在眼前身边竟然还有传统工艺这个穷亲戚未被"发掘"，一众目光开始转移。还记得当时显赫国际的捷克裔设计师博雷克·西派克（Borek Sipek）就利用藤物料本身的弹性和可塑性，设计出一组近乎雕塑、近乎神话的奇特形体结构，更把这几张藤椅唤作 Helena、Liba 和 Prorok 几个不同人名，背后延伸出有趣故事。

Pierantonio Bonacina

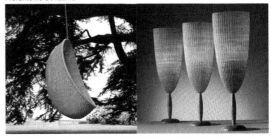

遥遥呼应的还有来自西班牙的奥斯卡·图斯奎特（Oscar Tusquets Bianca），把藤织片的椅背椅座配上计算精准的不锈钢架，为传统物料做了一番现代诠释，排排坐重登大雅之堂。

你有你的世纪，我有我的时代，社会进步发达到某一个地步大家都乱了性，都弄不清自己的喜恶感情。虽然知道天变地变之际情也会变，但看来我们对自然物料的一往情深却是经得起时间考验的。我从老家搬回来的一张特大旧藤椅，老得微微有点倾斜，但却足够让我们两人拥着坐进去。

启示录

认真对待所有你的工作，仿佛你会再活上一千年，又仿佛你明天就会离开世上。
——安·莉妈妈，震颤派精神领袖

不要制造任何无需要和无用之物，如果真的有需要和有用，就不该犹豫把它造得最漂亮。
——震颤派谚语

Michael Freeman

虔诚生活　再访震颤派

—有空，她和我就魂游—

到肯塔基不是为了炸鸡，到俄亥俄不是为了马铃薯。还记得哈里森·福特那一套电影《目击者》（The Witness）吗？忍辱逃生，他闯进一个神圣国度：森林尽处有高大稳重的髹着褐红漆的木头农庄，明亮简洁的门窗房舍，那张结实的座位下还有抽屉的摇椅，那些拙朴实用的农耕生产工具，那一整列晾在后院的各式天蓝的衬衫……这究竟是哪里？黑漆漆的电影院里她悄悄问我。这是震颤派族人的聚居地，我回答。

一七四四年，一批英国移民渡海前来新大陆，辗转聚居于美国中部肯塔基和俄亥俄一带，怀着虔诚的宗教信仰，他们自称"信徒会"（Society of Believers），外界就以他们在宗教聚会中常常跳的一种急促舞步而把这部族唤作震颤派。——摇啊摇，震颤派对生活对工作却是十二分严谨重视，连带一椅一桌，一个衣架一个藤篮，都是自家手工制造，形体线条出奇地干净利落，物料的选择更是异常严格，眼前一切不只是百年功业，连人带物随时进入永生。

我们自然看得目瞪口呆，不为电影情节，却为震颤派的整个虔诚生活信仰而感动。有一天我们一定要到那里走走，她兴致勃勃地对我说，不为访古怀旧，而是确切相信从来都应该对日常生活有如此诚恳的专注投入，只有如此，才可以为自己编织整理好生命里的幽默与严肃、欢庆与忧伤。

格格厉害

寻常生活单元拼合

都是一个"偷"字。

我们在朋友 T 先生开的服装店内游荡，几十平方米的店堂每回都得仔细端详——对不起，这回看的不是衣服，T 先生设计的男装都早已穿在她的身上，我每季尽力捧场更不在话下。可叫我们着实惊喜的，是百看不厌的店内装修细节和时有添增的舶来旧家具。怎么可以！我们曾经想过要放进家居的细节，都被 T 一一在店内实践了。

就说更衣室的地板和墙吧，逐颗逐颗人工敲琢的纯白纸皮石，细碎拼合又重组成一个精彩阵势。我就是要这样的一整个浴室呢，她兴奋地对我说。T 大抵不会介意我们把他的更衣室搬回家吧，我悄悄问。

其实只要懂得偷，知道偷来干吗，我们倒是天经地义地把身临的过目的种种至极视觉经验和建筑设计环境偷回家里。如果你由衷地喜欢罗马式大理石柱，你总会给自己一个借口放一根在客厅里。经过路过，色香味都有感情，只是移花接木要有好的眼光和手势，选择月刊人手一本，可是真的要选择，做决定还得靠自己。

纸——皮——石——，其实不是纸也不是皮，是整整齐齐七色八

彩小石砖，我们在石材铺里冲着装修师傅说。我知道了，是因为石砖出售的时候都粘着一整块纸皮，所以就叫纸皮石。她的小聪明似乎还有点根据。可是偏偏不甘千篇一律，就得花心神加工再造，把方角都轻轻敲打掉，刻意造就破坏王，不喜纯色一片的更可在铺砌时混入错落颜色石砖，甚至再进一步混入其他物料，如瓷片，如玻璃——

再这样下去，就得从西班牙建筑大师高迪（Gaudi）那里再偷师了。我跟她说，还记得那些在欧洲背包游的日子，大城小镇的从南欧一站一站往西，早已被地中海沿岸罗马帝国的古城遗迹中常见的马赛克（Mosiac）图案和手工迷住。当年的希腊人发展出一种称为 Tesserae 的拼砌单元，也就是拉丁文中方块或骰子的意思，大至约一尺平方、小到一厘米见方的材质反复排列，点缀了皇宫贵族的宫室殿堂。后来马赛克给普遍用到教堂内外的立墙上和走廊中，拼砌出宗教故事中诸位神圣，更常常配以反光强烈的金色方砖块做背景，叫信众过目不忘。她跟我说抬头看壁砖饰画看得脖子都疼了，

我说好戏还在后头。

果然西往巴塞罗那，当一口气扶梯直上市中心的圣家族大教堂（Sagrada Familie），我们都兴奋感动得半天说不出话（气力未复原也是原因）。负责设计这幢奇特瑰丽的不像教堂的教堂的是十九世纪末西班牙建筑巨匠安东尼·高迪，他把当时复兴中世纪哥特风格的潮流，结合起他一向对阿拉伯摩尔人的建筑风格的喜好，发展出一种绝对属于他自己的语言。这里没有任何古典教堂设计的清规戒律，却具有强烈的雕塑

式的有机造型，更厉害的是主要墙面都镶满了大小马赛克，质料各异，神圣的空间突然充满孩童的天真想象。为了高迪，我们在巴塞罗那多留了好几个昼夜，把他的建筑一一访遍，如把园林环境和建筑、雕塑、陶瓷镶嵌巧妙结合的居里公园（Casa Guell），如令人置身奇幻深海的巴特罗公寓（Casa Batllo）以及几乎成为巴塞罗那市徽的米拉公寓（Casa Mila）……看人看屋看历史，再三崇敬，当下得启发。

前辈有他的天马行空，我偷来神绪再绵延发展。有天她和我在水汽氤氲的小小浴室里正要擦干淋湿了的身体，忘不了把曾经路过的细碎缤纷来一个定格，格格厉害，自成小世界。

启示录

我们可以使标准化更人性……世界上最好的标准化的组合是自然本身。在自然界，标准化的单元是一个极小的细胞，结果产生的是无穷无尽、永远不会有重复的组合。

——阿尔瓦·阿尔托

"装饰"和"室内设计"这两个词已经到了被滥用的地步，人们常常忘了他们真正需要安放什么在身边。

——克里斯托夫·亚历山大

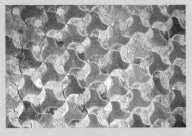

阿拉伯定格

"ZILLIJ"这个词该怎么念？

她跟我一口嘶嘶呖呖地念着，后悔怎么没有问清楚在摩洛哥旅行时的导游阿尔蒙哈德（Almohad）。ZILLIJ其实就是伊斯兰传统的镶嵌艺术，手工切割的瓷砖、上了釉的泥板、各式玻璃和石材，都在熟练工匠Zlayiyyah的匠心巧手排列之下，展开或平面或立体的瑰丽图画。

伊斯兰传统中禁止偶像崇拜，所以一切人像以至动植物的肖像都不能在建筑设计和装饰中出现，我引经据典地对她解释说，所以发展下来就形成一种以几何抽象图案为结构的艺术手法，并在庙宇以及民居建筑装饰中被发挥得淋漓尽致。我们清楚地记得在西班牙南部古城格拉纳达（Granada）的阿尔罕布拉宫午后逐格逐格去认那些叫人目眩的拼砌颜色——据说这些形状大小不一的砖块可以有三百六十种变化，更有蓝、绿、黄、黑、白加上红的各种色调选择。一直以来ZILLIJ都是手口相传，不着文案记录。大规模的整理工作还是近年在摩洛哥哈桑二世（Hassan Ⅱ）的颁令下开展的，自此摩洛哥有计划地开办工艺学校训练ZILLIJ工匠，继承传统技术，更将这项传统艺术融合到现今日常生活中去。下回经过卡萨布兰卡，可得看一看二十世纪八十年代落成的哈桑二世清真寺，怎样把新旧理念和感觉成功结合，留给世人《一千零一夜》之后的惊喜。

纹化革命

编织生活的简单与复杂

　　一不留神，我在离座转身时把茶几上的一杯红酒给碰翻了。

　　满满一杯，把茶几上用作盖垫的抽纱织物都染湿了。真冒失，她嘀咕着，为什么初相识的时候不好好鉴定一下，要照顾这样一个粗手粗脚的笨小孩，来日方长可真够呛！

　　少安毋躁，我只好主动承担，就让我马上把抽纱盖垫浸洗一下，这又不是第一次。——老实说也是，碰洒红酒、白酒、茶水，甚至汤，是我的拿手好戏、惯常动作，甚至吃，吃得汁液飞溅，染得一脸一身也是等闲事。这才够爽够放，我唯有自我解嘲说。也因为一室所到之处，她收集和应用的小幅抽纱、织锦、刺绣以及各种棉麻毛织物占据大小角落，有成坐垫背垫的，有成餐垫杯垫的，有成盖布的，当然也有纯做装饰摆设用的，那么说来，碰洒任何一杯茶，也会命中目标。

　　她常常说我前生是一头象（不说大笨象是因为政治不正

确而且象实在聪明），我当然反击说她前生是一幅布。又如何，她骄傲地接受。可不要小觑这些经线和纬线一上一下规律交织而成的结构，最广泛最简单最基础的组织形态由此发展变化衍生，千百年来丰富并支撑着人类文明。布料的应用，无论结合衣饰、结合家居家具、结合艺术创作，都成庞大体系、精彩学问。如果单单把布料上的纹样拿来研究，也得穷毕生精力。她看来是有备而战，噫噫噫跑去引经据典：纹即文，文化也就是纹化。在古代，纹所包含的内容广博而精深：天文地理是一种纹，充满神秘和哲学意蕴的八卦易象是一种纹，阴阳相合、生生不息的太极玄图是一种纹，决定上自帝王下至庶民命运和行为的卜兆也是一种纹，有着三千余年历史的中国书画艺术自然也是一种"纹氏"的艺术；还有精美旖旎的彩陶之纹，凌厉威严饰满器身的青铜器之纹，象征佛国庄严、天界清净的忍冬宝相之纹，为帝王佳人所喜好的龙凤之纹，充满市民情趣的吉祥如意之纹……学者李砚祖在《装饰之道》一书中如是说，从编织布料结构到纹样格局，记录的是历史和文化。纹样孕育了文字，却又表达着文字所不能言说的理与义，难怪她常常给面前一小幅织物的自然形纹样或者几何形纹样吸引住，当中的节奏、对称、比例等等抽象形式，仿佛

保留着来自远古的历史回音。微物之神附存于这些纵横交错的纹理当中，叫我们深深相信，恋物有理、有据、有感觉。

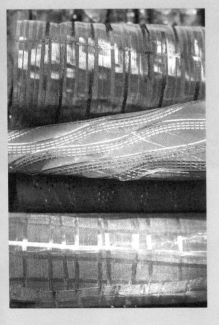

刚柔并重

面前是方形、圆形、菱形、三角形、多边形……然后是动物、植物、人物、自然景物等等题材……千百年来编织纹样日积月累。从哪里来？她尝试回答。到哪里去？我希望知道。

我们也清楚明白，面前的编织物，制造过程中其实也或少或多耗着地球的资源能源，原材料的种植收割、畜牧饲养，以至纺织过程中的漂、染、印、加工，无一不对自然生态环境产生影响，难怪新一代布料设计师致力搜索钻研，就是要找出一个为未来着想的生产新方向。

她首先是留意近年时装应用物料的新趋势：很多合成纤维物料都不需经过传统的漂染加工程序，又或者回归最原始无添加化学物的处理方法，为求减少污染，以免影响连环紧扣的生态运作。

当中叫我大感兴趣的是英国新一代布料设计师珍尼特·斯托里（Janet Stoyel）的作品。珍尼特大胆地把印度棉布与金属纤维用激光仪器和超声波仪器切割溶解结合，在向前看的进步过程中不失装饰风格，创立的设计室就叫 Cloth Clinic，刚中带柔，请鼓掌。

飞毡传奇

自然历史经纬纵横

原来都是故事。

冰封两千五百年，西伯利亚巴泽雷克出土的地毡如今隆而重之好好安放在大英博物馆的陈列专柜，叫过路的人目瞪口呆，惊觉历史的那一端原来已经灿烂，然后满天飞——《一千零一夜》里众多熟悉男女主角，上天下地求爱求财求惊险刺激，都会踏足波斯地毡的交错纹理丰厚色彩当中，腾空而起，得而开展奇思幻想、实现人间理想。更忘不了传说中裹着埃及艳后呈献给恺撒大帝的温软地毡，有色有情。而转头神圣庄严，挂毡地毡又出现在教堂祭坛之上，以特定宗教纹样符号，引领众生……大世界每个角落，无论是刁钻楼阁厅房，还是风沙大漠帐篷，都有各式大小粗柔厚薄的地毡，各自发挥应有作用，交织私家历史。

当然我们也会留意联合国儿童基金会（UNICEF）的调查报告，尼泊尔山区地毡工厂如何剥削童工，以极低廉的价钱买走青春，种种交涉抗争自然成为大家关心与注目的焦点；还有的是超级跨国集团开设在第三世界国家的地毡生产厂房，瞒天过海企图紧缩成本，肆意破坏当地原料来源的生态系统，制造积重难返的污染……翻开一张斑斓地毡，竟然看到人世种种漏洞破烂。

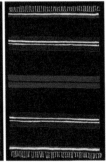

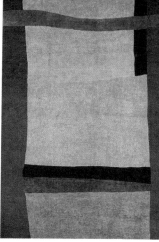

Kate Ebbon

　　所谓设计，我跟她躺在自家地毡上拉扯闲聊，其实远远不止是某些风格某些图案改样某些质料，背后连篇故事与深浅学问，可的确需要我们广开胸襟才可以一一吸收接纳认识。就以地毡为例，从产地和年份可以读到某国某地的政经商务兴衰，从用料染色和纹理编织可以了解当地的农耕种植和科技发展历史情况，而地毡的细节纹样图案，活生生的就是艺术生活史。如果当中可以读到宗教故事、民间传说、日常作息，已经是个额外奖赏，甚至单从地毡的各种面积尺寸，也可估量当地的家居风俗习惯。——地毡不言不语悄悄躺着，欲知前因后果，我们都知道不得怠懒，得好好搜集一下资料、读点书。

　　当然懒懒地跌坐在地毡上也绝对是快事，即使没有颜色图案。她自小拥有一幅一米多纯白长毛羊皮（她不是母狼！），冬天在地上拥着就睡。这么多年都好好打理，一直留在身边（算是嫁妆？）。我倒比较喜欢精巧的民间纹样，中东波斯地区的地毡设计制作，素萨丽（Suzani）地毡的巧，不同乡镇地域各有自家诠释，看着看着是世界地图。

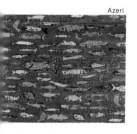

Azeri

而从传奇传说中走出回到现在，我们也特别留意一些有独特经营理念的地毡生产商，最近为了不让书桌旁边团团转的办公椅弄坏地板，我特地去访寻一张结实的地毡，也就认识了一个叫 Ruckstuhl 的瑞士品牌。此家厂商强调采用传统自然物料，包括椰子纤维、剑麻、黄麻、亚麻、羊毛、棉、马鬃毛、山羊毛甚至纸浆，结合不断改良的现代科技，编织一系

Nima

列看来没有"设计"的设计。在首席设计师杰克·雷诺·拉尔森（Jack Lenor Larsen）的领导下，研制部门甚至严格地管理原材料的种植，不得用杀虫药、除草剂，也保证材料不是速植，染料得是天然提炼……当你知道他们用六个小时之久去编织一小幅一般厂商只用二十分钟就草草了事的地毡，你会明白纵横交错原来各有宗旨、各有选择。

坐进地毡，腾空飞翔，生活的神奇，都在这方寸之间。

启示录

……别看轻这小小的毡垫，长期以来，它保护了许多人的脚，保护了这片土地，它也有自己的光辉岁月，机缘巧合，它竟也会飞翔。

———西西《飞毡》

我坦诚对于一个喜欢梦想、不切实际的人，我私心里确有几分偏爱。虽然通常他是个可怜的人，但他也较能感受到欢乐、兴奋和喜悦。

———林语堂《生活的艺术》

西藏千年　越旧越简约

千百年来叩门者众，她依然神秘。

有人辗转在西藏留了七年，写下洋洋万言，一不留神被当今媒体一窝蜂拉扯，成了事误了事还未有定案，此等熙攘杂音，要是放在瑰丽如昔的高山大岭当中，风一吹不知去向。

留得下的，也许都是藏胞千百年来的生活智慧结晶，平常日子都在应用外人看来绝不平常的器物。我们说不上对地毡有什么认识，可都凭直觉——两人都异口同声再说起第一回看到西藏地毡的惊喜——还以为面前的地毡是什么现代大师的作品：几何图形异常简约，甚至只是蓝白方格，不大不小比例结构正好，如果变化成颜色，又都是极成熟细致的色相。也许跟植物染料有关，我说，有来自印度的槐蓝属植物，也有采自茜草根的红染料，此外还有胡桃属植物、藏红花、姜黄木皮、散沫花、木黄……你可把书本里的资料都背得仔细，什么时候我们可以拥有一小张古老西藏地毡呢？

热烈炒卖，因此价钱不菲。这批越老越可爱、越旧越简约的西藏至爱，短期内也只能透过橱窗观赏了，然而我们都知道，你懂得越多，你需要越少，矛盾辩证，原来是一场游戏。

飘忽的实在

一千个买蜡烛的借口

她无法忘记那年的生日。

其实她从来不怎么重视自己（甚至别人）的生日，总习惯把这一日看作三百六十五日当中的平常一日，正如父亲节、母亲节以至情人节，最怕身陷无聊消费窠臼，累己害人。当然身边一众还是好事的，目睹你年年老去，自然要大做文章，因此还是在某月某日为她准备了事先张扬的不太惊喜的生日小派对，照例在傍晚快要下班时候把办公室电灯一关，制造气氛以便致命奶油蛋糕出场。可是电源一关非同小可，噼噼啪啪突然电光四射，胆小男子女子惊惶呼叫，小小办公室弥漫烧焦电线的呛味。昏暗当中她不知好气还是好笑，作为当事人，只好亮着打火机去把插在自家生日蛋糕上的蜡烛点燃，亲手捧着全场唯一照明走到大伙当中。我的生日照亮你们的生命，她对大家说。

蜡烛是停电时候用的，我自命很实际，也一向只给蜡烛这样一个位置——至于浪漫首选的烛光晚餐，一直都只当作玩笑蠢事：昏暗飘忽，试问餐桌旁的两位是否清楚自己在吃什么喝什么？意乱情迷之际把烛台打翻，说不定再

Il Melograno Blu

来一道烈火鸳鸯。

她却自问比我多一点宽容——容得下高矮大小各式蜡烛：行旅途中闯进的庄严开阔的教堂，里面一列又一列信徒们奉献的烛光，引领等待救赎的新老灵魂。店里玻璃瓶装的纯白蜡烛，各有花香果香，宁神静心。而每年六月那个叫人不会忘记的日子，风雨中永不止熄有万千烛光在人群的手里心中长存，光、热、意志、追思、争取、盼望……蜡烛和光是个象征，日常器物被赋予深远意义。

蜡烛原来还可以吃，她语不惊人地跟我说：最早有文字记载的蜡烛出现在公元一世纪罗马城内，当时的蜡烛用的不是蜂蜡，却是动物或植物脂肪制成，所以在饥荒时世人人都把烛光吃进肚里——直至十七世纪才有蜂蜡蜡烛的广泛流行，以三倍高的价钱出现，带来四倍的光亮……当然在某个世纪的转角处，汽灯和电灯都争相发亮。

蜡烛明显不是现代的主要人工光源，但它却乐于站稳一个效果和感觉的位置。近年芸芸变化的蜡烛成品中，当然是以法国女设计师安妮·瑟薇·利奥塔尔（Anne Severine Liotard）的一系列蜡烛雕塑独领风骚。本为一时传颂但停刊多时的法国版 *Glamour* 的时装编辑，安妮在某次到土耳其拍时装外景时碰巧走进一所蜡烛工厂，心血来潮的她不假思索画了几个造型，定制自己的私家蜡烛，怎知转头取货时吓了一跳，颜色造型效果异常地好，故事从此开展……

首先在巴黎的 Joyce Gallery 展出，然后是米兰的

Alexia Silvagni

Carla Sonzani 画廊，再东渡到东京的 Comme Des Garcons 总坛，安妮的蜡烛既是可光可亮的制成品，又是分量十足的雕塑，尤其当她以二十世纪初雕塑大师布朗库西的作品造型为榜样，生产出可以层叠的或圆或方或锥或柱的几英尺重型蜡烛，就更扭转了一般消费者从来对蜡烛的纤巧印象，认真地以雕塑艺术珍之重之。

一点烛光，引发出又实际又浪漫的战争，给自己一千个买买买的借口。毕竟不是"蜡炬成灰泪始干"的时世了，有心可以无泪，点燃的是自家的感觉。

启示录

无论光源是什么，切记都有感情和实用的两个层次——两者相交便成了室内最好的光。
——金姆·乔森·格洛斯

给我多一点光！
——歌德临终遗言

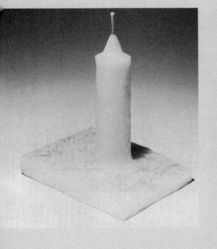

燃烧禁忌——罗伯特·戈伯和他的"蜡烛"

作为一个门外汉，我享受在门外看的乐趣。

也忘了是在伦敦还是纽约，反正一头闯进的是那些四壁刷得素白且开有天窗、自然光照明的画廊，小型艺术殿堂里不需要那么正经认真，幸运的还可以碰上那些不那么煞有介事的艺术家的艺术作品——洗手盆、尿兜、半截从墙中伸出长满毛的蜡制的仿真人脚（连鞋袜短裤）、浆得直立的婚纱、一堆旧报纸加一包老鼠药、手绘在墙的一个树林，还有那一根带毛发的"蜡烛"。——嘿，我若有所悟朝着她挤眉弄眼吟吟笑，她不甘示弱回以怒目，且开始以（半个）女性主义者观点分析这个男性器官背后的象征意义：罗伯特·戈伯（Robert Gober）从来就是一个公开的同性恋者，他的作品一直探讨的都是少数族群的身份、位置，以及面对艾滋绝症的勇敢和恐惧、承担与离弃。至于面前这根半带笑谑的可以燃点的禁忌——嘿，嘿。

人人都是艺术家，她倒是很认真地跟我说。说到底，认真地生活，活出自家的一个方法和道理，转转弯，自然就转出创意，身边一切寻常器物，有性有情，手巾、牙刷、肥皂，谁说不是活生生的艺术品。

一花一世界　灿烂之前凋谢之后

如果没有花，日子怎么过？

首先遭殃的可会是大小一众时装设计师？鸟兽、昆虫、沙石纹、金属色都用过了，偏偏没有花没有草。凯卓（Kenzo）会很惨，Oilily 的童装肯定失色，谭燕玉（Vivienne Tam）只能绣龙绣凤再绣毛泽东像或佛像。然后受苦的是一众家具家居设计师：墙纸来来去去横纹直条，陶瓷器皿没有了花卉纹样，Wedgwood 不是 Wedgwood，"万寿无疆"几个大字没有身旁的花叶缠绕，孤零零很不过瘾。床单被褥也显得干巴巴，了无生气，甚至倒数回去，没有花样哪来威廉·莫里斯（William Morris）十九世纪中的工艺运动，更不会有新艺术运动的世纪末风流。Tiffany Studio 的注册花台灯不知会改成什么无花样？莫奈没有花园没有莲塘肯定郁郁终老，梵高会更加早逝……没有花，二十世纪六十年代"花的孩子"会是什么孩子，迷幻中变化的又会是什么图案？

至于一众男女偶像实力歌手，再无缘唱颂花开花落。天下有情人一朝无花可收无花可送，可会更实际地签支票送现金？

废话少说，她跟我说，有天有地一日，看来花都不会绝灭呢。不过可真想不到原来花以及花纹饰样，在我们日

常家居生活当中竟然占了这样重要的位置，就以面前的一束鲜花为例——

其实，我对鲜花从来都喜欢，混杂的一球也好，独立的品种也好。记得大学时代有一回暑假欧游，我顺道到伦敦探一位中学时代的启蒙老师，还特地买了一大束鲜花去敲她的门。学生远道来访，老师当然高兴，可就是似乎不太喜欢我买去的花。最初还以为老师不喜欢我买的花的某某品种，后来老师才细细解释，她喜欢花，但只喜欢生长在泥土中、生命能绵延的花，把花割来"批发"零售，花的生命早就终止了。对于这位启蒙老师的话，我倒是一向再三思索的，那回那番话，可真的长时间影响着我对"鲜花"的看法。如非必要，我很少在家里供养一大束花，反是慢慢地开始了盆中栽种。

你是说你养的兰吧，她冲着我说。对于我们这一代这一群，家居布置学问里面养兰似乎是必修课，也不知打从哪个时候开始，大家都觉得这一盆高挑矜贵的兰花突然与现代主义大师们的经典家具设计如此合拍，从陈列室到专卖店到新派食肆，兰是统一商标。可是对于我们，一天忙乱乱的，若然还要照顾花，兰就是最佳选择。养兰多少就等于养"懒"，好好在花墟用几百元挑几棵将开未开的新货，师傅自当先打点妥当，后连盆连肥料拿回家，只需要一星期至十天浇水一次，方便快捷，干净利落。一盆兰花一待至少三个月，省回每星期换花的钱，最适合城市里赶时髦的懒人、穷人。

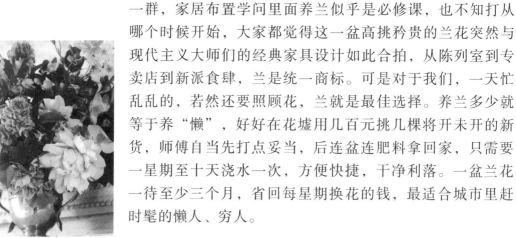

无论是鲜花还是盆栽，我发觉这些年来喜爱的不是花开得最灿烂的时候，反是开始欣赏将开未开的花的各种形态，花谢失色的过程，甚至凋零之后脱落的花瓣，一瓣一瓣就躺在桌上放在碟中，煞是好看！

关于花，关于花和我们的家居环境，要说要做的可真多着呢，她跟我说。可不要忘记花还可以吃，除了菊花还有鲜百合、鲜姜花、玫瑰花，还有椰菜花、西兰花……没有花，今天晚上吃什么？

启示录

世界是如此复杂、纠结而拥挤，要想看清楚它，你就得不停地删除、删除、删除。
——伊塔洛·卡尔维诺《如果在冬夜，一个旅人》

中国人在政治上是荒谬的，在社会上是幼稚的，但他们在闲暇时却是最聪明最理智的。
——林语堂《中国人》

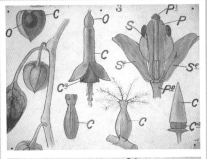

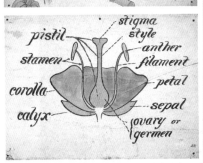

看图看花——克里斯多夫·德莱赛和他的花卉教材

有天不知怎的我们谈起考试，她从来都是才高气傲的顶尖学生，也忘了自己拿了多少个 A。我倒是一向成绩平平，只记得生物科总是成绩很好，因为我爱画图。什么动植物解剖、阿米巴细胞核，画了图也顺带把那些学名牢牢记住，甚至自家发展出图文并茂的记忆方法，越读越有趣味。后来在大学里念的虽然不是生物，但有机会给我碰上那些绘画精美的植物切面图谱，我还是蛮有兴味地逐页去看。

她也记起她大学时代一个很合得来的女友，念的正是生物，可是毕业后却一转身跑到英国皇家艺术学院去念插图，当然绘的正是生物解剖图。有回跑到学院去探她，还被她拉到展览厅去看一个有趣的学院回顾展——其实皇家艺术学院近百年来在英国以至欧洲设计教育上都扮演着重要角色，当中不少导师本身也是著名的设计师。就如那回展出好些花卉教材原作的克里斯多夫·德莱赛（Christopher Dresser），就是十九世纪中后期一位多才多艺的设计师，举凡布料、瓷砖、墙纸、餐具、陶瓷、玻璃壁画他都涉足。但更有趣的是在此之前他是一位园艺学博士，出版发表了好些学术专著。从其作品可以推断出，花卉草木自然生态的结构造型，深深地影响了他的设计创作，丰富了他的思维。十九世纪的越界行为，今天看来也许更有特殊意义。

窗外一片绿 懒人盆栽且三思

Hisayoshi Osawa

有客到，是那个随时打一通电话说自己已经在楼下可否上来喝杯咖啡的十八年老同学K。她眉头一皱，我无可奈何，发蛮劲期望在五分钟内把一室乱糟糟收好藏好。靠墙一列落地大柜一向是紧急庇护所，可是柜门一开不单发觉没有任何多余空间，农历年关"收拾"好的书本杂物一概释放，噼噼啪啪掉出来。苦的是她平日在外形象一向光洁明亮，细致简约，穿戴一分不多一分不少，可是在家中跟我反正老相好，往往得过且过，穿着固然过分随便，往往也疏于打扫收拾，大叠小叠有时，东倒西歪有序，尘有尘，土有土——对于不速访客，实在无力招架。

早就知道你们两个一定在做最后冲刺，站在门口的K笑笑说，我恨不得把手中湿毛巾劈头扔过去。有来有往，K仍旧赖皮一脸笑，那回你们看过我的狗窝足足笑了三年，这趟我揭破你们的真情家居私生活，有何不可？也真

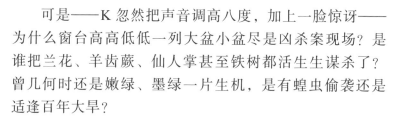

是，反正这是有血有肉会哭会笑真人出场，又不是示范单位陈列室，你不介意，我也不介意。我回以虚晃左勾拳，知心老友此人正是。

可是——K忽然把声音调高八度，加上一脸惊讶——为什么窗台高高低低一列大盆小盆尽是凶杀案现场？是谁把兰花、羊齿蕨、仙人掌甚至铁树都活生生谋杀了？曾几何时还是嫩绿、墨绿一片生机，是有蝗虫偷袭还是适逢百年大旱？

Jason Schmidi

我跟她你眼望我眼，支支吾吾把一个上书"责任"两个大字的球在空中抛来抛去，是他，是她。大盆小盆买回来的时候高高兴兴，淋水施肥呵护备至，早晨起来夜半睡前都亲近一下，可是热度勉强维持九又二分之一个星期，你推我让诸多借口，忙固然是理由，懒其实是真相。一室的春意忽地变成秋的肃杀，过早的枯败明显是疏于照料所致，连时髦的方方正正一片稻田缩影版本小麦草，也惨变尸横遍野、鬼哭神号古战场。我们固然有轻微责问自己爱心何在，自知现代人比草木更无情，但最后落得轻描淡写不了了之，某天趁早起把遗骸连根带土一一送进黑色垃圾袋，然后还是懒，就让空空大盆小盆各自安于原位，盆栽展场变了陶瓷陈列室。

换了是我，K一本正经一脸聪明地教训我们，既然自知早出晚归无力栽培，倒不如干手净脚买鲜花，说到底，供养鲜花是一件事先张扬的命案，货真价实清楚明白地演出一幕花开花谢。轻轻松松换换水，它给你最好最美的，然后互不拖欠悄然凋谢，理所当然没有内疚没有负担。——说着说着，K也说不下去了，是触着了大家共同的某处死穴吧。我们生逢此时，勉勉强强，好歹照顾得了自己，也无暇无力（无心？）照顾身外动植物——多一个有生命的个体，该有一个怎样的优质环境好生好长，还是错落人间误种下愤怨惨淡收场？盆栽小问题引来三个人的胡思乱想。室内仿佛幽幽地暗下来，窗外后山天大地大的一片绿却是越见油亮。

启示录

如果一个医生办公室的植物是死的，就绝不要去找他。

——爱玛·庞贝克

生活，特别是家居生活，就是自我修养的课程。

——林语堂

游花园

Howard Sooley

Howard Sooley

老实说，我和她一直都看不很懂德里克·贾曼的电影，只是当中瑰奇的影像的确动人心魄，载负满溢的家园个人历史、情欲、喜乐、愤恨……有叫人回味不已、想象无踪的一小时又几十分钟如天如海的《蓝》，也有繁花似锦、灵欲交流的《花园》。《花园》实景的确是德里克·贾曼生前最后寄居的一片乐土，买来这个英国西南岸的荒废渔村旧宅的那个时候，德里克·贾曼已经自知患上艾滋病，但他坦然面对这个世纪绝症，除了与身边伙伴合力为这个原来的荒滩引进生命变出颜色，更同时现场现身说法，拍摄了亦纪亦剧情的长片《花园》。我的好友 W 是德里克·贾曼的忠实影迷，有天突然塞给我一张照片，用傻瓜相机自拍的 W 背后正是德里克·贾曼遗下的木屋和花园。我哗然，W娓娓道来几星期前趁出差之余，驱车往这个几乎没有路标的偏僻岸边去的经过，为的是亲睹这一幕——热烈歌颂生命，致力消灭误解及性别歧视，在花园里，寻找花花好世界。

闻得到的天堂

满室自然香

一进屋，我就开始流泪。

男儿有泪，事必有因。我首先觉得眼睛一阵刺痛，连同嗅觉也有强烈反应，闻到的是一种辛辣的带攻击性的气味，持续不久忽然散去，眼泪却在刺激下汩汩流一脸。

真奇怪，家里一向没有特别存藏或者点燃什么挥发气味的香料香精，厨房里的一堆食用香料看来也不会混出这样厉害的一股怪味，倒是那种直觉会破坏神经中枢的气味叫我想起房子装修时师傅们用的各种漆油、香蕉水及上光剂。我记起曾经在哪里读过这样的一则，说这些挥发性的化工原料其实倒不是那么容易挥发，常常困在屋里、困在物料中缓缓释

出，尤其一整个夏天习惯关了窗开空调，没有自然空气流通，更容易聚集这些怪气。想不到为了一室整洁明亮却引来潜藏的杀手，枉流一场眼泪。

　　如是者不下数次，尤其是靠近书桌书柜一带，呛人的气味更是厉害，书香都没有了，倒像在建筑工地中度日。她没有我那么敏感，不觉得有什么异味但当然也不敢笑眯眯惹我生气。有天回家她从背包掏出一叠纸。一物治一物，她满有信心地说，办公室里抽烟的一众女子介绍，把这些亚美尼亚纸（Armenian Paper）放在小碟中缓缓地烧，一方面释放出洁净的气味，一方面驱走吸走（？）烟味，反正她们如是说，也不妨试试。

　　没办法中的办法，我也只好照办，燃过一张又一张，果然把那呛人的怪味给压住。我知道那些怪味依然在暗处存藏，只是谁在当下领上风、主大局而已。也正因如此，我们开始成为寻香之族，平日不太留意的在市面其实都买得到的跟香料和气味有关的产品，原来可真不少——香茅、柠檬、柑橘、琥珀、檀香、松、柏、干花干草干叶、无花果、姜、芫荽、玉桂、薄荷、迷迭香、百里香……从浴室到睡房、客厅然后走入厨房，气味竟然成了最原始也最流行的话题。从一直往身上涂的香水古龙水出发，点燃的香纸香棒，加热焚出的香油香精，本身自然挥发香气的花叶及矿石，当然还有杯杯包装得宜的香料蜡烛，花费有限的家居小道具却在幽幽发放信息，气味毕竟不是具体的一种物件，它的抽象、飘忽，它的强烈、细致，竟然是今时今日一众致力追求的最后领空。

让我们再实际一点，她忽然说，趁楼下菜市场还未关门，我们今晚煲个章鱼莲藕猪骨汤，汤好喝不在话下，煲汤的一两个小时内阵阵散发的温暖香气，该是另一种幸福。

启示录

信念就是相信某些证据不足的事情。

——林语堂

八十岁以后，每件事都会让你想起另一件事。

——罗威尔·瑞玛斯

花香之余

认识克里斯蒂安·托尔图（Christian Tortu）这个名字，是二十年前 Joyce 时装店引进他主理的花店时，眼前惊艳，也就把名字牢牢记住了。花店从来大街小巷都有，但像他这样专注用心去平衡平实与高贵、自然与雕琢，用鲜活去点题，也实在叫人感动佩服。一群偷师的纷纷下山创业，大抵也忘了师傅的含蓄和坚持。没办法，香港就是这样一个地方，喧闹混乱中最轻视的是人文素养，花残即弃，绝不回头。

托尔图的名字一直在心中占一个位置，我们惊喜地发现这趟重临的不是花，是三种清新自然味道的蜡烛以及叶形碟子，Le Cadre Gallery 引进，再证实，诉诸嗅觉，是最后一个坚持。

床上第三者 和熊人玩偶的美好关系

我和她同床，却打算各自都舒舒服服做自己的梦。

如果连做梦都在一起，那可真太恐怖了，她对我说。自行脱轨做梦里要做的事，算是基本的人权吧。

同一屋檐下，你眼望我眼，其实已经很难说有什么隐私什么私人空间，尤其我们决定用的是开放的室内设计，尽眼望去清清楚楚，就更没有转弯抹角的机会。加上厨房里头吃的、书柜里看的、CD盘中转的听的，甚至衣橱里穿的，都标明大字两个叫"分享"，都共用。你有一点在我里面，我有一点在你那里，所以我跟她笑笑说，幸好我们有第三者。对对对，她说，而且是各有第三者，各自精彩。

第三者不仅登堂入室，而且直接上床，且各据最有利最亲密的枕边位置——我有我的笨熊人，她有她的中古玩偶。

不要问最爱是谁，其实我们都心知肚明，有人爱人和爱物可以斩钉截铁分得清楚，但我和她自知都没有这个本事。爱熊人爱玩偶说不定比爱眼前人甚，请容许这个说来可笑的

Aranzi Aronzo

人性"弱点"吧。

　　我和熊人的纠缠，说来有点像前世的事。我念念不忘一只孩提时候棕黄色手脚转动得不太灵光的熊人，那是祖母（？）或外祖母（？）送我的，辗转不知在哪一回搬家给弄丢了，叫我哭得天翻地覆——然后稍稍"成年"，另一只熊人随着初恋空运抵港（真土！）。她是同班的女生，熊人从英国给订回来，她亲手给熊人粗粗颈项系了一条普鲁士蓝丝带，我也就再开始了与熊人同眠的日子。然而，初恋就是初恋，分手的那一天没有下雨，我静悄悄把熊人交到女生怀抱里。从此就交给你照顾，我用眼神说；其实舍不得，我在心里说。之后是一大段没有熊人的日子，直至某年暑假上路浪荡美洲，在波士顿历史博物馆碰上一个中国古代科技展，四大发明耀武扬威之余竟然让我在小卖部发现了一批鲜红色的熊人，标注中国上海制造，手工粗糙笨拙，也算深得熊人精髓。毫不犹豫买了一大一小，哪怕要再多乘一晚夜车抵消住宿钱，因为我知道自己需要个国产的伴……

Herge

　　至于她跟中古玩偶的缘，缘起于伦敦贝思纳尔格林（Bethnal Green）儿童博物馆。虽然她自幼不至于舞刀弄枪，但也没有像"传统"女性要抱个毛毛玩具睡。"刻苦"的童年如此这般过去，到了某一天被抛到外头念书。还是穷学生一个，省吃省用，最大的娱乐竟然是巡书店、逛博物馆。有一天游荡到刚巧免费入场的贝思纳尔格林儿童博物馆，跟在一大群金发碧眼活动真人娃娃后面，团团转的当儿她发现了稍稍尘封的玻璃陈列橱窗里头有几个古董玩偶，头是那么小，脸是瓷制的，面目早已模糊。许是日子久远，身上穿的层层叠叠虽然手工精巧却已是走纱飞线褪色，有点可怜。在橱窗面前站立良久，她发觉自己眼泪汩汩流了一脸，后来忆起，恐怕是那个时候直将自己等同了那几个小玩偶。

也因此她处心积虑展开她的搜集工程，但由于这些都是价值不菲的真古物，所以这么多年来她的"藏品"还是五根指头可数，加上她从来厌弃那些身光颈靓的，爱的都是饱经"摧残"的，可就更难碰上。斗丑斗笨，她和我各自的外遇也终有相同之处。

跟熊人玩偶做伴，死生相随，背后可有什么心理学人类学理论，就交给学究去打理好了。她和我，中古玩偶和笨熊人，恩怨情仇不离不弃拉扯四角关系，叫大家都学会爱你的爱人的爱人。当然我们都多心，还有共同的小小私家爱人，一是独守书桌的丁丁（Tin Tin）软身版，另外是浴室里终年湿身的一对塑胶鸭（都拜芝麻街厄尼与伯特所赐），还有瓷器小王子（Petit Prince）……爱物如爱人，美好关系。

启示录

对米老鼠卡通不感兴趣的人，必定是个心灵已经退化、对文明没有任何贡献的人。
——林语堂《生活的艺术》

我相信创作就如同孩童的游戏活动，问辩太多的话显得多余。
——弗兰克·盖里

老祖母尼基·德·圣法尔的大玩偶

说起爱人，其实还有很多很多。

有回在巴黎，刚吃罢杏仁碎月牙馅饼，糖粉如霜粘得一手都是。她和我不知怎的吵起来，她更噔噔噔地跑开，我有好气没好气在后头直跟。人生路不熟，前后拉锯不知拐了多少弯，竟然到了蓬皮杜艺术中心背后的斯特拉文斯基喷泉广场。她走累了，一头大汗在水池外围一角坐下，我却依然赌气坐在另一头。

抬头望，喷泉当中随音乐转动的雕塑，有五彩特大怪鸟，有大红嘴唇彩色心，加上大音符、弹弓蛇、骷髅头都在一边喷水一边偷笑，笑世界男女无聊，闲出病。不到三分钟，她也笑了，我也笑了，手拖手走到旁边小店买明信片，也从明信片背后的小标题认识了创作这一批大玩偶的法国女雕塑家尼基·德·圣法尔（Niki de Saint Phalle）。

一九三〇年出生的这位女雕塑家，如今已经是老祖母了，从年轻时候的实物拼砌开始，辗转发展出造型独特、色彩斑斓得叫人兴奋的巨型雕

Niki de Saint Phalle

塑，题材有女体、各式怪物，用料有塑胶、金属、玻璃、纸和泥，都欢快愉悦，都叫人感激生之可贵。

有回奉旨陪家里长辈游日本，我们随团被运送到叫人沮丧的 Hello Kitty 乐园。进门不久她便嚷着要走，我匆匆跟真人 Hello Kitty 握了一握手，就陪着她在周围乱逛，也不知是东京近郊哪里，反正面前有一幢幢超高商厦。冬日太阳下颇暖和，走着走着吓一大跳，商厦面前广场陈列的竟然是尼基的作品，金属片映着阳光闪闪亮。他乡遇故知真高兴！且把这一功记在 Hello Kitty 身上。

酒不醉人

喝与不喝的学问

首先声明，喝酒（？），没研究。

她再三向身边一众强调，她只是能喝，却实在不懂得喝，喝过了什么，好喝的不好喝的，也没办法记得起来。只能说是上天（或者父母）的安排，她可以跟大家站站坐坐，从餐前到餐中到餐后，一边吃一边喝，吃要故意节制，喝却喝到开怀，喝到周围一众都摇头摇手说不，她还是继续喝呀喝，高兴起来常常把人家喝不下的都喝掉，管它什么仪不仪态，却总是没有醉。有问题，她常常跟自己说，是大脑某某神经有状况，太清醒，没缘享受人生一大乐趣——醉。

我倒是易醉，但因为太自觉太小心，倒也没有真正醉过。我是那种喝了一瓶啤酒也会轻飘飘，喝了一瓶半就会一直笑的。关于酒，我还有一个误会。从前工作常常出差国外，天寒地冻一个人在陌生都市，公事处理完毕自己跟自己吃晚饭，我无肉不欢又酷爱意大利面条，自知如此下去出差一周得激增四五斤，道听途

Ron Arad

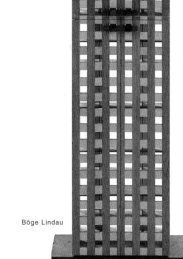

Böge Lindau

— 279 —

说只有一边吃一边喝酒，把酒纯粹当作开胃消化处方实在暴殄天物。可是接连喝了两三晚，一觉未醒半夜自己把自己抓得一身红肿，一看手上脚上满布小水泡，奇痒难当。直觉是多喝了酒过敏，接着几天滴酒不沾唇，还是照样痒，一直到回港急急看医生，分析下来是因为寒冷天气、皮肤干燥、水分不够、疲累……加上喝了酒，简单地说是酒的浓度更稠化了体内水分，影响了平衡，诸如此类，似是而非。我只知道，要喝，得要更小心。

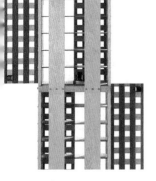

她常常跟我说，为了懂得在餐馆里点菜，真的要学好日文、法文、意大利文、西班牙文……老实说，身边也真有嗜酒如命的友人，为此认认真真念了几年法文，如今朗朗上口，拿着一个空酒瓶看着招贴就可以跟你说上半天的典故传奇。她从来没办法记得哪一个酒区、哪一个酒厂，更遑论什么年份，只懂得一口喝下去好喝与

不好喝。有趣的是有人误会她是识酒之人，不时托人送上据说是名酒好酒。我当然也不懂，甚至退到欣赏批评这瓶酒的瓶子好不好看、招贴设计合不合眼缘这个"层次"，算是辜负了人家美意。

由是家里大瓶小瓶红酒白酒，一不留神竟然多达二三十瓶，叫它们堆塞在墙脚柜顶实在不好意思，也是时候替它们安排临时宿舍了——说是临时，因为不知什么时候一群嗜酒的会跑上来轰轰一喝而光。下文是，我开始了收集空酒瓶的习惯。

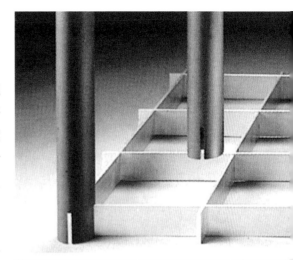

启示录

我从不在意风往哪个方向吹。

——林语堂

知道过去就够惨了，再知道将来简直不可忍受。

——毛姆

三种醉态

决意为家里的大瓶小瓶觅一个安身之所，外出绕一个圈然后发觉，酒架的设计原来也真的花样百出：有板有眼建筑形棚架式者有，乡土气息纯朴路线用原木用藤织者有，铁线扭花镶金打铜片仿古者有，更有酷得可以用透明塑料、玻璃及金属者。

我看中的是一向专攻厨具食具的厂商波顿（Bodum）的自行组合的酒架，有点砌积木的趣味。也由于各家各派对贮酒的方法、位置意见不一，有说瓶口要向下倾的，有说瓶口要向上挑的，亦有说要平放的，波顿从来中庸，也就设计了小小聪明让大家各自按喜好调校倾斜方位。醉态各异，任君选择。

喜乐随心

音乐无限　空间有限

Ron Arad

　　我很滥，滥得兴起，碰面，看的是外表装扮，感觉不错，心想一试无妨，尽管试试自己的眼光和运气。再绕一个圈，走回原地，确定目标一手拿起，再转到付款处，人龙中习惯左瞧右看，比较一下人家的选择，然后结账，满心欢喜买了个希望回家去。

　　来自非洲海岸重量级母亲塞萨莉亚·艾沃拉（Cesaria Evora）的温柔，汤姆·威兹（Tom Waits）的磨损型砂纸，莱昂纳德·科恩（Leonard Cohen）的诗，查特·贝克（Chet Baker）的永恒的酷，Kahimi Karie 的亦日亦法三十出头纯真少女声，马友友的健康与灿烂，赛日·甘斯布（Serge Gainsbourg）的挑逗；小明星的《陋室明娟》犹如隔世，伊迪思·琵雅芙（Edith Piaf）完全等同法国，菲靡靡与邓丽君同在，阿斯托·

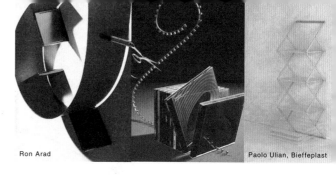

Ron Arad

Paolo Ulian, Bieffeplast

皮亚佐拉（Astor Piazzolla）的探戈把血都搞沸了，山羊皮乐队（Suede）继续媚，菲利普·格拉斯（Philip Glass）继续层叠，埃莱尼·卡兰德罗（Eleni Karaindrou）继续她的风景在雾中、一天等如永远，普列斯纳（Presiner）的第一声就叫基斯洛夫斯基的《红》《蓝》《白》都重现眼前；还有凯斯·杰瑞（Keith Jarrett）在自制高潮中的呻吟，派蒂·史密斯（Patti Smith）的怒与痛，比约克（Bjork）的收放，张楚的孤独与温柔，张震岳的玩乐，管平湖古琴的人间与世外，埃里克·萨蒂（Erik Satie）的冷和静，蔡振南台语歌的江湖义气，阿斯特鲁德·吉尔伯托（Astrud Gilberto）的永远度假；罗蒂·兰雅（Lotte Lenya）与库特·魏尔（Kurt Weill），所有比尔·伊文斯（Bill Evans），然后所有格伦·古尔德（Glenn Gould），金门王与李炳辉的笑中有泪，斯塔克（Starker）的巴赫和罗斯托罗波维奇（Rostropovich）的巴赫，劳伦·希尔（Lauryn Hill）和韦克莱夫·让（Wyclef Jean）说唱（rap）出一个天堂，还有，还有，还有……你真滥，她跟我说。不滥，枉为人，我一脸欣喜。

因为滥，也有生命危险，我先后认识两个比我更放任的同好，自出道以来就活在堆叠如山的黑胶唱片（早期）和 CD／MD（近期）当中，两人都死里逃生，因为都经历过唱片塌方事件，压伤过手脚。与两位伤患交谈时也笑说如果将倾注在面前近万张唱片的金钱和感情都转移到投资生意上（什么生意？），可能面前已经有第一第二第三个一百万，当然也可能是惨淡经营，那么说，还是先听为快，享乐最要紧。

音乐无限空间有限，我开始热恋的时候，黑胶唱片已经全线引退，所以我对之没有特别认识和感情。但对于 CD 胶盒却一直没有太大好感，惹尘，老旧破裂，而对什么特别夸张的大小不一精美包装也是一时兴奋然后苦于存藏，直到后来发觉凯思智品（caselogic）这个音乐后勤部队出产叫作 CD Prosleeve 的一种干净利落的 CD 胶套：薄薄的一面可插入 CD，一面可插入说明书，还有上面细长一格可插进唱片／歌手名字，方便查阅，最宜像档案卡一般直放在抽屉当中。自此我每每买有新唱片，回家先行替它们更衣，改头换面，跟胶盒说再见。腾出来的空间还用问，当然是继续放肆继续滥。

Wilmotte   Tray

启示录

我们想要世界变成什么样子，自己就得变成什么样子。

——甘地

除了你自己，没有人能给你平静，没有什么东西能给你平静，除非你的原则得到胜利。

——爱默生

Lloyd Schwan, Box Design

固执的出路

我从来是上佳推销员，常常以第一身真情推介／威迫身边友侪尝试我叫好的。例如我会常常拿出我随身带的套——装有 CD 的胶套，在一众跟前晃来晃去，希望大家都跟随我的轻薄的信念。有人欣然欲试，有人却誓死反对。

反对也是一种坚持，很个人。对于坚持 CD 要有胶盒，是原汁原味，是妥帖保护，其实说不出个所以然。有人说，就是要那么一种气势，当你面前有几千盒十二厘米乘十四厘米的七彩胶盒，整齐有序地排列起来，千军万马，声声相惜，未开声就已经是慑人的装置。我也不能不同意，还顺水推舟给他们介绍了新近碰上的由 Box Design 这个设计团队的主将劳埃德·施万（Lloyd Schwan）设计的一款结实的储存木架，大大方方又有小变化，最爱他取的一个名字叫"HELP"，个中滋味，会心微笑。

后记 自家人

在外面游荡的日子越来越多，四海为家原来是这样一种滋味。

对于各式陆海空交通工具倒是越来越钟爱，也从来不介意晚上睡的是高床软枕还是硬板薄毯，忽然问自己：想家吗？

家是什么？又重新问一个老问题。是熟悉的床？是晕黄的灯光？是一碗热汤、一盘面条？也许都是。然而最重要的，却是胼手胝足共事的身边的人，不止一个，都是自家人。

深深感谢一直无条件客串拍照的好友 Dilys 和 Dennis，合作无间的摄影师建中、至德和敬伟，老同学清平。还有协力设计制作的 Richard 和 Finna，穿针引线的挚友耿瑜，至于家里身边位高权重的总工程师 MW，有幸多年共处一室，难得依然处处谅解包容。

在家还是在外，希望身边的人和他们所爱的人都能快乐，安好。

应霁
二〇〇三年五月

Home is where the heart is.

01　设计私生活
定价：49.00 元
上天下地万国博览，人时地物花花世界，
书写与设计师及其设计的惊喜邂逅和轰烈爱恨。

02　回家真好
定价：49.00 元
登堂入室走访海峡两岸暨香港的一流创作人，
披露家居旖旎风光，畅谈各自心路历程。

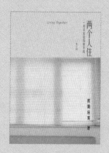

03　两个人住
　　一切从家徒四壁开始
定价：64.00 元
解读家居物质元素的精神内涵，
崇尚杰出设计大师的简约风格。

04　半饱
　　生活高潮之所在
定价：59.00 元
四海浪游回归厨房，色相诱人美味 DIY，
节欲因为贪心，半饱又何尝不是一种人生态度？

05　放大意大利
　　设计私生活之二
定价：59.00 元
意大利的声色光影与形体味道，
一切从意大利开始，一切到意大利结束。

06　寻常放荡
　　我的回忆在旅行
定价：49.00 元
独特的旅行发现与另类的影像记忆，
旅行原是一种回忆，或者回忆正在旅行。

Home 系列（修订版）1-12 ◉ 欧阳应霁 著

生活 · 讀書 · 新知 三联书店刊行

07 梦·想家
回家真好之二

定价：49.00 元

采录海峡两岸暨香港十八位创作人的家居风景，
展示华人的精彩生活与艺术世界。

08 天生是饭人

定价：64.00 元

在自己家里烧菜，到或远或近不同朋友家做饭，
甚至找片郊野找个公园席地野餐，
都是自然不过的乐事。

09 香港味道 1
酒楼茶室精华极品

定价：64.00 元

饮食人生的声色繁华与文化记忆，
香港美食攻略地图。

10 香港味道 2
街头巷尾民间滋味

定价：64.00 元

升斗小民的日常滋味与历史积淀，
香港美食攻略地图。

11 快煮慢食
十八分钟味觉小宇宙

定价：49.00 元

开心入厨攻略，七色八彩无国界放肆料理，
十八分钟味觉通识小宇宙，好滋味说明一切。

12 天真本色
十八分钟入厨通识实践

定价：49.00 元

十八分钟就搞定的菜，以色以香以味诱人，
吸引大家走进厨房，发挥你我本就潜在的天真本色。